围填海工程平面设计评价方法研究

岳 奇 著

海洋出版社

2018 年·北京

图书在版编目(CIP)数据

围填海工程平面设计评价方法研究 / 岳奇著. —北京：
海洋出版社，2018.5

ISBN 978-7-5210-0097-9

Ⅰ. ①围… Ⅱ. ①岳… Ⅲ. ①填海造地-评估方法-中国
Ⅳ. ①TU982.2

中国版本图书馆 CIP 数据核字(2018)第 083130 号

责任编辑：闫　安　薛菲菲
责任印制：赵麟苏

海洋出版社 出版发行

http://www.oceanpress.com.cn
北京市海淀区大慧寺路 8 号　邮编：100081
北京朝阳印刷厂有限责任公司印刷
2018 年 5 月第 1 版　2018 年 5 月北京第 1 次印刷
开本：787 mm×1092 mm　1/16　印张：10.25
字数：196 千字　定价：58.00 元
发行部：62132549　邮购部：68038093
总编室：62114335　编辑室：62100038
海洋版图书印、装错误可随时退换

前　言

从"十一五"期间开始，我国每年的填海面积约为 100 平方千米。填海造地可以有效缓解沿海城市的人口和城市化压力，改善港口的海上基础设施。同时，填海造地是一种对自然生态影响极大的活动，必须科学规划、合理设计。围填海平面设计是针对围填海工程平面空间上的具体呈现方式，对其选址、规模、形态和组合方式等进行综合规划和设计。目前对围填海平面设计领域的研究较少，缺少多学科交叉融合，主要为针对单一问题的研究，缺少系统性梳理和提出全局性、实用性的解决方案。本书针对当前我国围填海选址不合理、规模不得当、形态不科学等问题，综述了国内外围填海平面设计研究现状，分析了国内外围填海平面设计的基本情况，从围填海平面设计包含的主要工作内容出发，设计了一套多指标的评价方法，并在实例中对评价方法进行了验证和应用。

本研究发现，世界围填海主要分布在四个区域——东南亚、波斯湾、欧洲西部及墨西哥湾，其中东南亚围填海主要为几何形态，波斯湾多为仿自然形态，欧洲围填海注意和海岸走势结合，墨西哥湾填海多为"丰"字形。世界围填海有其内在发展规律，围填海规模与经济发展速度正相关，围填海用途和所处的发展阶段密切相关。中国仍处在快速发展时期，中国的围填海总体规模和单体工程平均粒度都居世界首位，填海主要用途是临港工业和城镇建设；中国已经完成的围填海工程，尤其是规模较大的围填海工程，其平面设计方案仍主要以顺岸平推为主。依据围填海平面设计的主要内容及影响因素，本书从围填海选址、规模和形态三个方面建立了综合评价指标体系。在选址方面，设计了宏观选址和微观选址两个方面的评价指标，宏观选址评价指标包括海陆面积比、人口密度、海上交通区位条件、人均国内生产总值、海岸线稀缺度、单位岸线国内生产总值、亲海期望、相应产业增长率、区域海洋灾害等 9 个指标；微观选址评价指标包括海洋水文条件、海洋环境容量、海岸地质类型、生态敏感程度、海洋功能区划符合性、周边开发利用现状等 6 个指标；规模评价设计了填海强度、海域利用效率、岸线利用效率、单位用海系数、绿地率、开发退让比例、道路广场用地比率、水系面积比例等 8 个指标；形态评价设计了岛岸关系、填海形态、结构形式、岸线形式、生态岸线率、间距系数、水体交换力等 7 个指标。此外，本书采用层次分析法和德尔菲法确定了指标权重和评价标准，还对提出的评价指标体系和方法进行了应用。

本书是作者多年研究成果的总结，更是对国家海洋技术中心在围填海管理技术领域研究成果的再梳理。多年来，在国家海洋局及地方各级海洋管理部门支持下，国家海洋技术中心长期致力于围填海管理的技术支撑工作，尤其是对围填海平面设计的研究较为长期、系统和深入，也期望本书能够为围填海管理工作带来一定支撑作用。本书著作过程中得到天津大学张赫老师研究团队、中国海洋大学于华明老师研究团队的大力支持，同时也得到国家海洋技术中心徐伟、赵梦、张静怡、胡恒等同事的大力支持与无私的帮助，在此一并表示感谢。由于作者对我国围填海平面设计研究的水平和能力有限，书中难免有瑕疵，希望广大读者给予批评和指正。同时欢迎对围填海平面设计有兴趣的读者多做指导与交流。

作者

2018 年 1 月

目 次

第1章 绪 论 ……………………………………………………… 1

  1.1 研究背景 …………………………………………………… 1

  1.2 研究思路与主要内容 ……………………………………… 3

  1.3 相关概念界定 ……………………………………………… 5

  1.4 国内外研究现状 …………………………………………… 6

  1.5 拟解决的关键问题技术路线 ……………………………… 11

第2章 国内外围填海平面设计现状分析 ……………………… 12

  2.1 基于 GE 的世界围填海平面设计特征分析 ……………… 12

  2.2 典型国家围填海发展规律分析 …………………………… 17

  2.3 我国围填海平面设计现状 ………………………………… 22

  2.4 我国围填海平面设计存在的问题 ………………………… 29

第3章 基于水循环的围填海平面设计 ………………………… 32

  3.1 我国城市规划设计中水系设置 …………………………… 32

  3.2 基于水循环的围填海平面设计特点 ……………………… 34

  3.3 基于水循环的围填海平面设计的主要考量 ……………… 37

第4章 围填海平面设计评价的理论基础及方法 ……………… 43

  4.1 围填海平面设计评价的基础理论 ………………………… 43

  4.2 围填海平面设计评价原则 ………………………………… 47

  4.3 多指标评价的主要方法 …………………………………… 49

第5章 围填海平面设计评价指标体系的建立 ………………… 52

  5.1 围填海平面设计评价指标体系建立的方法和原则 ……… 52

  5.2 围填海选址评价指标体系建立 …………………………… 54

  5.3 围填海规模评价指标体系建立 …………………………… 69

  5.4 围填海平面形态评价指标体系建立 ……………………… 76

  5.5 小结 ………………………………………………………… 84

第6章 围填海平面设计评价方法的应用 ……………………… 86

  6.1 大型围填海平面设计回顾性评价 ………………………… 86

  6.2 典型围填海工程平面形态设计与优化——以东营海上新城为例 … 105

6.3　中国沿海大型围填海工程选址评价与预测 ……………………… 127

6.4　区域建设用海规划集约用海控制指标制定 ………………………… 141

6.5　小结 ………………………………………………………………… 149

第7章　结　论 ……………………………………………………………… 151

7.1　主要结论 …………………………………………………………… 151

7.2　不足与展望 ………………………………………………………… 153

参考文献 ……………………………………………………………………… 154

第1章 绪 论

1.1 研究背景

从 20 世纪开始便有学者提出：21 世纪将是海洋的世纪。围填海自古就是人们开发利用海洋的方式，随着沿海城市经济快速发展、人口膨胀，导致土地紧缺，许多沿海城市开始向海洋拓展发展空间[1]。21 世纪以来，我国填海造地的规模维持在每年 100 平方千米[2]。围填海具有正反两方面的作用，一方面填海造地可以有效拓展城市发展空间，缓解沿海城市的人口和城市化压力，增加就业机会，改善沿海基础设施；另一方面填海造地是一种对自然生态影响极大的工程，主要表现为对岸线、泥沙淤积、湿地等自然环境地貌的不当改变造成的泥沙淤积、植被退化、水质恶化等生态环境问题。

大规模的填海造地活动所产生的环境问题已经越来越严重，不仅使填海区域周边环境永久性恶化，而且造成了资源的严重浪费。究其原因，是由于填海行为的粗放和盲目，出于对填海利益的追求，部分用海者单纯追求填海获得的土地面积，忽视填海造成的环境问题；更重要的是，实际管理和实践中也缺乏针对填海工程规划设计的管理方法和科学引导。

为了提高围填海规划设计的科学化水平，必须建立融合物理海洋学、城市规划、景观生态、海洋工程等相关学科的研究思路，从全局的角度建立一套系统性、综合性的围填海选址、规模设计和平面形态设计的评价方法，为优化围填海平面设计方案、科学围填海、发挥围填海最大价值提供参考[3]。

1.1.1 研究目的

围填海平面设计是一个较新的概念，因近些年来我国围填海规模快速增大，海洋管理部门为提高围填海的科学化设计水平，实施精细化的围填海管理而提出。围填海平面设计是指针对围填海的选址、规模、布局、形态等进行的总体设计。当前，我国沿海城市化、工业化方兴未艾，围填海仍是最重要的海洋开发利用活动，各级海洋管理部门以及社会公众都对围填海高度重视，社会舆论针对围填海的各种报道层出不穷，科学界针对围填海对海洋环境影响的研究也持续推进。

目前，针对围填海平面设计的研究并没有形成相对完整的体系，围填海管理、设计等涉及的各个专业仅从各自角度进行分析，往往关注于填海工程技术或者生态环境损益的专门研究，学科间交叉较少，综合性的研究不深入，尤其是对大型围填海工程如何选址、如何框定规模、如何确定填海工程的总平面形态、如何设置内部水系，以及如何规划布局填海后的内部功能单元等缺少系统深入的研究，综合多学科理念的具有应用价值的研究成果较少，难以为管理部门和填海企业提供具有可操作性及应用价值的建议。

为此，本研究以形成大型围填海平面设计的评价方法为目的，在对世界围填海平面设计综合分析的基础上，提出围填海平面设计的评价指标体系，并提出其具体的应用案例，应用方法对我国典型大型围填海工程平面设计进行评价，为围填海管理提供有关建议[4]。

1.1.2　理论意义

(1)为落实海洋生态文明建设，实施基于生态文明的围填海管理提供理论和方法支撑。中国共产党第十八次全国代表大会提出生态文明建设和"五个发展"的发展理念，中国对海洋生态文明的重视程度达到了前所未有的高度。进行基于生态文明的海洋综合管理，以及精细化、集约化、科学的围填海和围填海管理是今后海洋管理的发展方向。本研究提出的大型围填海平面设计评价指标及依据评价指标进行的案例分析，可以为围填海的选址、规模控制及形态设计等提供理论和方法参考。

(2)加强围填海领域多学科联系，建立系统的围填海平面设计评价方法体系。围填海平面设计的概念才刚刚提出，管理上、学术上尚没有形成统一的认识，往往将围填海平面设计和围填海的形态规划相混淆，理解其内涵较窄。理论方面，当前针对围填海的研究往往都是独立单一学科的研究，旨在解决某一特定的问题，缺少各个学科专业间的配合和补充。至今围填海平面设计学科的理论体系仍未形成。本研究具有多学科交叉、综合的特征，将从全新的角度对大型围填海工程进行研究，其研究成果将弥补围填海领域各学科联系的不足，解决各独立学科无法涉及的研究问题。

(3)丰富应用海洋学的学科领域。多年来，应用海洋学的研究领域主要是海洋的数值模拟和预报，应用的领域主要是海洋工程的勘察施工和工程可行性设计，应用到海洋综合管理的学科研究成果较少。究其原因，主要是因为应用到海洋管理的研究成果往往需要具备综合性的特点，而当前的应用海洋学研究主要为自然科学研究，将研究成果服务到实际海洋管理的研究较少。本研究注重应用性，以形成可为管理部门和用海企业服务的研究成果为出发点，可以有效地丰富当前应用海洋学的研究领域。

1.1.3　应用价值

①为丰富海域资源优化配置提供技术手段。长期以来，我国围填海的开发利用采取的主要是外延式粗放化的发展模式，这种模式不仅导致了围填海活动的盲目扩张、土地利用低效、近岸海域空间资源大量流失，也给沿海生态系统带来巨大压力，制约了沿海经济社会的可持续发展。本研究以海域的可持续开发利用为导向，从资源环境、经济、社会等多个角度，探讨影响围填海平面设计的因素，通过多种方法综合确定围填海集约规模控制方法和平面形态优化方法。这在一定程度上丰富了海域资源优化配置的技术手段，对于引导填海新区由粗放向"集约用海"转变具有参考意义。

②为围填海综合回顾性评价提供操作方法。本研究提出的围填海平面设计综合评价方法及其指标体系可以为今后围填海的回顾性评价提供借鉴，为大型围填海的选址提供方法参考。

③为围填海管理提供决策建议。本研究将对围填海工程的集约性、生态性、耦合水循环特点等进行研究，提出平面设计的优化建议，这对于完善我国围填海管理具有一定的现实意义。

④指导围填海工程科学化布置。本研究成果可以直接为我国的围填海工程开发管理应用，为其合理布置填海平面方案、确定填海规模提供参考，为其更容易获得管理部门批准提供参考。

1.2　研究思路与主要内容

1.2.1　研究思路

本文的研究思路：明确研究对象→发现问题→提出方法→进行方法应用和验证。

首先引出什么是围填海平面设计（第 1 章第 1.3 节），回答研究对象"是什么"以及"为什么"要研究；其次通过对世界围填海平面设计的现状进行分析，发现我国围填海平面设计的主要问题（第 2 章）；然后通过对多指标评价理论和方法的研究建立评价的指标体系和模型（第 3 章与第 4 章）；最后对评价方法进行应用和验证，得出相关结论（第 5 章与第 6 章）。

1.2.2　研究内容

本研究以大型围填海为研究对象，给出了围填海平面设计的内涵和外延，总结了国内外围填海平面设计研究现状，指出了我国围填海平面设计存在的问题，综述了国内外围填海平面设计研究进展；运用多指标评价法，依据围填海设计工作的主要内容，将大型围填海工程平面设计评价分为选址、规模和平面形态评价三个部分，分别建立了评价指标体系，运用建立的评价方法和指标体系对我国典型的15个大型围填海工程平面设计进行评价和分析；并以东营海上新城为案例进行典型填海工程的平面设计方案优化分析，对我国未来的围填海布局进行预测和分析，利用建立的指标体系对我国围填海工程集约用海管理提出了指标建议[5]。主要研究内容包括如下内容。

(1)总结给出围填海平面设计的概念和主要内容，提出围填海平面设计是针对围填海的平面空间上的具体呈现方式，对其选址、规模、形态和组合方式等进行了统一规划和设计，主要包括位置选取、规模设定与形态设计。构建了基于平面设计主要内容的评价方法框架体系。

(2)研究分析国内外围填海平面设计现状。以 Google Earth 为研究工具，对世界围填海进行提取和分析，研究世界围填海的分布、粒度、形态、用途等主要平面设计特征，总结了其内在的区域、形态和发展等方面的规律；研究典型国家的围填海管理和围填海平面设计特点，总结给出世界围填海发展的内在规律；研究分析我国围填海发展历程、管理现状和平面设计现状，总结认为我国仍处在快速发展时期，围填海总体规模和单体工程平均粒度都位居世界首位，填海主要用途是临港工业和城镇建设，已经批准的区域建设用海平面设计方案主要以顺岸平推为主。

(3)构建大型围填海工程平面设计评价方法体系。建立了大型围填海工程选址评价指标体系，将围填海选址评价分为宏观选址评价和微观选址评价两部分，分别选取评价指标，提出量化方法，建立评价模型，并给出评价标准；构建了大型围填海工程规模评价指标体系，提出规模的评价就是填海工程集约性的评价，建立了包括填海强度、海域利用效率、岸线利用效率、单位用海系数、绿地率、开发退让比例、道路广场用地比率等在内的评价指标，利用层次分析法确定了各指标权重，给出了评价模型[6]；构建了大型围填海工程平面形态评价指标体系，建立了岛岸关系、填海形态、结构形式和岸线形式等类型的特征指标，以及生态岸线指数、间距指数和水体交换力等类型的机制指标，确定了各指标的量化方法、权重和评价标准；利用德尔菲法(Delphi Method)给出了3个层次、30个指标的评价权重。

(4)对评价方法进行实际应用。选取了15个具有代表性的围填海工程，利用建立的多指标评价方法和评价指标体系对其进行综合评价和打分排序，分别给出了 15 个工程的选址分值、规模分值、形态分值及总分值，并对评价结果进行分析；基于水循环的围填海平面设计理念，利用建立的平面形态评价指标体系，及 FVCOM 模型对不同工况水交换率的模拟，对东营海上新城提出具体的平面设计方案，并进行数模验证；利用提出的宏观评价指标，对中国 49 个沿海城市进行填海适宜性评价，并耦合海洋功能区划约束对 49 个沿海城市填海适宜性进行分等定级；利用提出的集约评价指标，以期为管理部门制定集约用海控制性指标提供指标借鉴。

1.3　相关概念界定

1.3.1　围填海

本书的研究对象主要针对我国围填海。对于围填海目前尚没有明确的定义，目前的科学研究中通常采用填海、围垦、围海造地、围海造陆等说法相互代替[7]。我国的海洋行业标准《海域使用分类》（HY/T 123—2009）对围海和填海造地分别进行了明确界定[8]。填海造地是指筑堤围割海域填成土地，并形成有效岸线的用海方式；围海指通过筑堤或其他手段，以全部或部分闭合形式围割海域进行海洋开发的用海方式[9]。国家海洋局发布的《关于加强海域使用金征收管理的通知》中，填海造地用海指通过筑堤围割海域，填成能形成有效的岸线土地，完全改变海域自然属性的用海；围海用海指通过圈围海域开展经济活动，部分改变海域自然属性的用海[10]。

通常意义上，对围填海的理解就是填海造地，即先围海，然后实施填海造陆，这已经成为一种约定俗成的叫法。围填海和填海造地（或是填海造陆），这两种叫法也恰恰反映了围填海两个方面的属性，"围填海"的称呼侧重于对于这类用海的用海方式和开发过程的描述，"填海造地"侧重于对于用海目的的描述。人们之所以将围填海和填海造地两种叫法等同，原因在于，实施填海通常都需要先将海域围割，建造围堰，然后通过吹填、抛石等方式实施造陆，围填海恰恰反映了填海造陆过程中围海和填海的两个阶段。

1.3.2　围填海平面设计

"平面设计"一般出现在美术设计、城市港口规划等领域，"围填海平面设计"是新生事物，目前尚未有明确、统一的定义。根据国内外有关研究，围填海平面设计（Reclamation 2D Design）的释义分为两派，一是将其理解为大"设计"，指针对围填海工程位置、规模、形状和组合方式等方面进行的综合布局与设计[11]；二是仅仅将其定义为围填海工程的平面形态设计和内部功能布局。学者杨春等认为"填海区域的平面形态规划就是针对填海土地在二维平面上的表现形式所进行的规划设计"[11]；索安宁等研究认为"围填海工程平面设计指围填海工程的平面空间布局设计"[4]。在城市规划领域，曲国庆认为平面形态是"城市用地在平面空间上呈现出的几何形状，并通过位置、面积、形态、功能定位等方面来解释其特征"[12]。

综合上述分析，本研究认为，围填海平面设计是一个复杂的过程，涉及围填海工程的始末，不应仅考虑其最终呈现的几何形态，还应当考虑其最初的选址、规模核定、功能设计等多方面的内容。因此，围填海平面设计是针对围填海在平面二维空间上的具体呈现形式而进行的总体规划和设计。

围填海平面设计按照设计的维度主要包括三个层面的规划和设计：一是确定填海工程的区位；二是设计核定填海项目的总体粒度和规模；三是规划设计项目的形态、填海区块组合方式等。规模设定包括两个内容：一是围填海工程的总面积确定；二是依据围填海工程所在海域自然地理特征，确定围填海工程的相对规模(比如在海湾中的围填海，其面积相对于整个海湾的面积比例，在某功能区中的围填海，其占整个功能区的面积比例、占用某岸线长度比例等)。形态设计主要是指围填海工程的平面形态方案、几何形态的摆放角度设计等。围填海平面设计的主要内容和考量因素见表1-1。

表1-1　围填海平面设计的主要内容

设计内容	考量因素
位置选取	与原海岸的位置关系，离岸距离等
规模设定	围填海工程总规模； 围填海工程对于所处区位的相对规模、粒度
形态设计	围填海工程的形状、摆放角度等
功能布置	填海区内部功能区块的平面布置、水系设计、道路设计等

1.4　国内外研究现状

1.4.1　国外研究现状

国外学者对填海工程的研究主要基于对已填海工程的评估、分析，主要涉及经济投资回报、对海域生态影响等方面。具体研究成果归纳如下。

1. 针对围填海的研究

Lee 等分析了韩国西海岸填海活动，认为围填海对低潮滩的沉积过程具有重大影响[13]。Kang 研究了韩国灵山河口木浦沿海围填海开发活动，结果发现潮汐壅水减小、潮差扩大[14]。Guo 等研究表明，围填海开发活动加大了新增土地的盐渍化风险，加重了海岸侵蚀，削弱了海岸防灾减灾能力[15]。Healy 等研究了围填海开发活动对浮游生物生态系统的影响，结果表明围填海工程减弱了河口、海湾的潮流动力，降低了附近海区浮游植物、浮游动物生物的多样性，引起了优势物种和群落结构的变化，底栖生物在很大程度上也受到了围填海工程的影响[16]。Sato 等对日本 20 世纪的围填海进行了研究，发现大规模的围填海导致日本海湾消失，河口生态系统被破坏，部分围填海工程导致底栖生物死亡[17]。

Wu 等研究了新加坡的围填海对河口生物群落的影响，该研究以 Sungei Punggol 河口为例，结果发现大型围填海活动对底栖生物群落系统具有明显影响，临近填海工程，生物种群数量降低[18]。

国外学者对围填海开发活动对地形地貌和湿地景观的影响研究大多运用遥感技术(3S 技术)和数值模拟的方法，研究内容主要包括围填海开发活动对地形地貌和景观影像的影响。Heuvel 等研究认为，围填海开发活动不仅改变了岸线形态，将岸线人工化，同时由于处于节约成本的考虑，大量围填海采取截弯取直的方式，还导致了海岸线长度的锐减[19]。

Peng 等对围填海的施工方式进行了研究，认为采取海底取泥吹填的方式对海底地貌和地质环境将产生重大影响和破坏[20]。

Kondo 对围填海施工吹填区域的选择进行了研究，结果显示，不当的区域选择将可能导致水文环境的变化，进而影响海底地形和海岸侵蚀、冲淤平衡；文章还给出了不当的围填海造成海岛灭世、潟湖沙坝消失等典型案例[21]。

2. 针对围填海评价指标的研究

联合国经济及社会理事会海洋经济技术处从海岸管理评价角度进行研究，选取岸线分配、开发强度、经济效益作为围填海工程的评价指标[22]。Ryu 从填海工程对生态影响的角度进行研究，选取底栖生物群落、景观折旧率、经济回报作为评价指标[23]。Koh 等从填海工程灾难提防措施角度进行研究，选取沉积物组成、岸线折旧作为评价指标[24]。Lai 等从填海工程对生态影响的角度进行研究，以填海项目区红树林、珊瑚礁总覆盖率作为研究指标[25]。

随着国外学者对资源环境评价研究的逐步深入，近年来，"时间序列法"[26]、"系统动力学方法"[27]、"模糊综合评价方法"[28]等多种方法被学者们引入到围填海海洋环境评价过程中，并根据研究对象的不同特点，对研究方法进行了有效改进和综合运用[29]，为资源环境的针对性、动态性和准确性等提供了可靠支撑。

1.4.2　国内研究现状

目前国内针对围填海的研究较多,但针对围填海平面设计的专门研究较少,多是关于围海填海经济、技术、生态等方面的评估。近几年来,随着沿海填海工程的发展,围海填海工程的平面形态逐渐得到科研人员的关注,并取得了一些成果。围填海平面形态的研究主要集中在岛岸关系、岛屿形状、岸线形式、投资回报等方面。主要研究成果归纳如下。

1. 关于围填海的研究

许多国内学者对围填海开发活动对海洋资源的影响进行了研究。如于定勇等基于 PSR(Pressure-State-Response)模型构建了围填海对海洋资源影响的评价体系,针对福建海湾填海工程进行了案例分析[30]。于永海等建立了海岸围填海适宜性定量评估的指标方法体系,并采用德尔菲法筛选确定评价指标,采用层次分析法(Analytic Hierarchy Process,AHP)确定指标权重[31]。胡聪建立了围填海对海洋资源影响评价的指标体系,将围填海开发活动影响的海洋资源分为港口航道资源、旅游资源、渔业资源、空间资源和其他资源,构建了基于 DPSIR(Driving Force-Pressure-State-Impact-Response)框架理论的围填海开发活动对海洋资源影响框架体系[32]。

王伟伟等通过围填海活动和临海工业两个方面对海岸带开发活动产生的环境效应影响做了趋势性分析,并根据搜集的 2005—2008 年的水质监测数据对大连湾海域进行了海洋自然环境质量评价,评价海岸带开发活动对大连湾海域产生的影响[33]。

朱高儒等结合近年来有关围填海的研究进展,详细分析了填海造陆对土地、水文、生态及气候、原材料源地等多方面的环境效应及其关联,结果发现:①围填海造陆对环境的负效应在种类上多于正效应;②围填海造陆的影响范围遍及从海到陆的整个海岸带区域;③围填海造陆效应具有从短期扰动事件到长期生态和物理过程的宽域时间尺度;④围填海造陆各个效应之间存在着很强的关联和促进机制。[34]。

刘述锡等分析了围填海对海洋生态系统的影响,构建了包括生物效应、生态系统功能效应和环境效应三个方面的围填海生态环境效应评价指标体系[35]。

李杨帆等以具有重要典型意义的沿海高度城市化及快速城市扩张地区港湾湿地为例,采取多学科交叉集成的研究途径,探索填海造地对港湾湿地景观格局及沉积环境的影响[36]。

李京梅等针对填海造地的生态环境损失,以福建某个填海造地工程为例,对补偿标准的计算进行实证分析,得出该项填海造地工程的外部生态成本[37]。

彭本荣建立了一系列生态—经济模型,用于评估填海造地生态损害的价值以及被围填的海域作为生产要素的价值，并用所建立的模型对厦门填海造地所建立的生态—经济模型进行经验估算，为制定填海造地规划和控制填海造地的经济手段提供强有力的科技支撑[38]。

谢挺等根据舟山海域近几年海洋自然环境质量及发展趋势，通过连续几年监测站位的布设以及对监测数据统计，分析阐述了围填海工程快速发展对舟山海域海洋自然环境所带来的影响[39]。

王静等以江苏省辐射沙脊海域如东近岸浅滩围填海为例，运用多目标决策理论与方法，综合考虑围填海对动力泥沙环境、海洋生态环境、资源综合开发和社会经济影响，建立了围填海适宜规模评价指标体系，构建了适宜围填海规模评价决策模型[40]。

孟海涛等采用生态足迹方法，对围填海工程造成的生态承载力的累积性变化做了量化分析，为综合评估海湾围填海工程的生态效应提供了一种全新的视角[41]。

王学昌等以胶州湾为例，应用分步杂交方法建立了胶州湾变边界潮流数值模型，并对其进行了模拟计算，重现了该海域的潮流分布规律。另外，根据几个围填海方案，还分别进行了预测计算，从而得到了各个方案分别实施时对潮流、水位、流通量等水动力因素带来的影响[42]。

刘仲军等建立了天津海域平面二维水动力数学模型，使用有限差分的 ADI（Alternating Direction Implicit）方法对模型进行离散，分别模拟了南港工业区围填海工程前后天津海域的潮流场，通过对比工程前后的潮流特征，分析了南港工业区建设对整个天津海域的影响范围及影响程度[43]。

陈彬等采用现场调查资料与历史资料对比的方法，从海岸和海底地貌、水环境质量、海洋生物种类和群落结构等几方面分析了近几十年来福建泉州湾围海工程的环境效应，结果表明，围海工程促进了海滩的淤浅，减小了内湾的纳潮量和环境容量，使得泉州湾内湾水质恶化，最终导致围海工程附近海区生物种类多样性普遍降低，优势种和群落结构发生改变[44]。

邓小文等以生态学相关理论为指导，提出了一种综合生物工程技术、土壤工程技术和咸水淡化技术的生态系统重建方法，并将其应用在天津滨海地区围海新造地中[45]。

2. 关于围填海平面设计的研究

在针对围填海平面设计研究方面，索安宁等探讨了围填海工程平面设计评价方法[4]；刘淑芬等探讨了区域用海中平面设计的外延和内涵[46]；徐伟等对宁波镇海泥螺山北侧区域建设用海的平面设计方案进行了探讨[47]。于青松等从海域评估角度进行研究，主要选取区位条件、自然因素、社会经济因素、防灾减灾作为评估指标[48]。夏东兴等从海岸带地貌环境及其演化进行研究，其中主要研究了岸线的确定、交通网络体系等指标[49]。王新风从耦合水体流动循环体系围海造陆成本计算角度进行研究，以围海造陆经济效应、成陆面积、滨水价值岸线的创造、平面形式、生态系统保护、工程技术可实施性、水体清洁程度等指标为研究对象[50]。霍军从海域承载力的影响因素和评估指标体系两方面进行研究，建立了海域承载力评估指标体系，其中选取资源压力指标、环境压力指标、人口压力指标、经济压力指标作为主要研究对象[51]。于永海从围填海管理方法角度进行研究，筛选并构建了围填海适宜性评价的指标体系，其中选取上年度围填海规模、围填海资源承载力、固定资产投资、海岸线长度、海洋经济产值占国内生产总值比重、单位岸线海洋经济产值、经济增长速率、城市化水平、海洋经济产值、沿海地区人口密度、人均耕地面积、土地平均价格、新增建设用地为主要研究指标[52]。郭子坚从港口规划与布置角度进行研究，主要对港口布置的基本形式、环境容量进行了研究[53]。陈影从人工岛工程通航安全影响角度进行研究，其中人工岛的形状和规划布置、选址为其重点研究对象[54]。郑志慧从滨海城市填海新区空间形态角度进行研究，主要研究对象为不同岸线形态的亲水性[55]。杨焱从潮滩围垦适宜规模角度进行研究、评价，其以围填海面积、经济效益、围填区经济效益、岛岸关系、流速变化、影响养殖区面积等评价因子为研究指标[56]。肖劲奔从海岸带开发利用强度角度进行研究，以历史灾害活动程度、未来灾害发展程度、评估区承灾敏度、评估区减灾能力作为研究指标[57]。索安宁等从围填海工程平面设计角度进行研究，采用围填海强度指数、围填海岸线冗亏指数、围填海亲海岸线指数、自然海岸线利用率、水域容积率作为评价指标[4]。贾凯从填海造地的岸线控制角度进行研究，选取滩涂面积比率、底栖生物量、可利用岸线比率、保护区面积比率、劣三类海水比率、超一类底质比率，海水侵入面积、海岸侵蚀状况、围填海面积比率、人均国内生产总值等指标作为研究对象[58]。张路诗从围填海空间规划角度进行研究，选取位置布局、岸线形态、结构形式、围填海内部交通组织方式作为评价指标[59]。杨春从定性和定量的方面分别对填海区域平面特征要素进行研究与讨论，提出了填海平面形态规划设计与合理布局的基本原则和具体方法[60]。岳奇从世界围填海分布及平面设计角度进行研究，主要选取了填海方式、粒度、平面形态、岸线关系、用途等指标作为评价指标[61]。

综上所述，围填海平面设计的国内外研究现状主要集中于围填海的海洋环境影响，但在真正涉及围填海平面空间规划的形态学规律、规划方法和方案优选评价等方面鲜有涉足。围填海平面设计已有的研究中存在以下不足。

第一，缺乏对围填海平面设计的系统性研究，尤其是对围填海平面结构形式的系统分类、评估；

第二，缺乏对围填海平面设计全球角度的规律总结和现状分析；

第三，缺乏对于围填海平面设计评价方法的系统研究。本书将重点针对这些问题做出研究。

1.5 拟解决的关键问题技术路线

(1)国内外尚没有专题性系统性的围填海平面设计研究,围填海平面设计内容广泛,涉及众多学科和领域,需要全面系统梳理。

(2)需要对全世界围填海进行全面的分析和研究,提出围填海的发展规律,识别我国平面设计现状及问题。

(3)针对围填海平面设计工作内容,分解围填海平面设计的工作步骤,筛选影响围填海平面设计的众多指标和因素,确定评价指标。

(4)对提出的30多个评价指标进行组合分析,利用多指标评价法确定各指标权重,形成评价指标体系。

(5)对提出的评价方法进行案例验证,并提出具有应用价值的建议。

本研究采取的技术路线见图1-1。

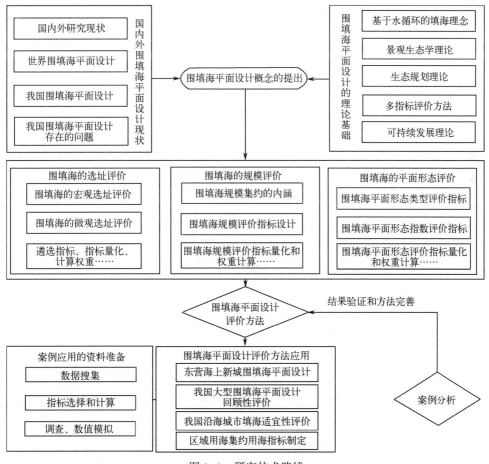

图 1-1 研究技术路线

第2章　国内外围填海平面设计现状分析

2.1　基于 GE 的世界围填海平面设计特征分析

遥感技术是围填海调查与分析的重要手段，具有面积大、时间序列长等优势[62]。目前已有多位学者利用遥感技术对我国的围填海进行了研究，如张国华等利用遥感技术，对 1986 年以来杭州湾围垦淤涨状况进行了调查[63]；丁丽霞等利用遥感技术研究了浙江大陆淤涨型海岸线的变迁[64]；马小峰等研究了海岸线卫星遥感提取方法[65]。因此，遥感技术为本研究开展世界围填海的有关研究提供了可能。

本研究将利用 Google Earth（以下简称 GE）和 Google Map 上最新的遥感影像对世界围填海进行研究。GE 是一款可以在线浏览全球的卫星影像数据的全免费的客户端软件，它的影像数据主要来自于美国 Digital-Globe 公司的 Quick-Bird（快鸟）卫星和 Earth-Sat 公司的 LANDSAT-7 卫星。GE 上的全球海岸带影像的有效分辨率至少为 100 米，通常为 30 米，最高可达 0.6 米[66]。这种免费、快捷而又有一定精度保证的遥感影像资料为旅游、地质、土地等行业提供了便捷的途径，也为本研究提供了可靠的数据来源。

研究内容包括两个方面：一是围填海在世界各国的分布情况；二是主要围填海国家的围填海平面设计特征分析。为研究围填海平面设计特征，选取围填海工程的粒度(单体填海工程平均规模尺度)、平面形态、主要用途等三个指标对其分别进行研究。本研究将首先对世界各国的海岸带区域进行遥感影像的目测识别，识别出围填海主要分布的重点国家后，再有重点地对每个国家的遥感影像进行围填海信息提取。

2.1.1　世界围填海区域识别和提取

围海在遥感图片中宜于辨认，通常由突出岸线的海堤和被海堤包围的海域组成。填海造地在遥感影像中的识别，通常是首先确定海岸线，再采用多年遥感影像叠加比对的方法，提取出填海形成的陆域范围。然而，由于填海新形成的陆域在自然属性上与周边自然形成的陆域具有明显的差异，经过填海取得的土地是人工的产物，所形成的空间也是带有人工色彩的硬质空间，区域中会有大量的硬质铺地、工业化景观、硬质护岸，这种硬质空间的特性造成其在遥感影像中具有特殊的表现形式，因此单就某一时间的遥感影像也可以对填海区域进行识别、提取。

根据识别出的围填海重点区域，对每个国家的 GE 遥感影像成像方式、成像日期、季节，所包括的地区范围、影像的比例尺、空间分辨率、彩色合成方案等进行综合分析，利用 ENVI 软件完成影像的拼接、配准和镶嵌等预处理，然后在 ARCGIS 平台下，采用人工目视解译和电脑自动解译相结合的方法提取出每个国家的围填海区块信息，赋予其属性。

每个围填海区块的属性信息包括用海方式、面积、用途、平面形态及与岸线的位置关系等属性内容。每种属性信息的具体情况见表 2-1。

表 2-1　围填海区块属性对照

序号	属性		备注
1	用海方式	围海	通过筑堤或其他手段，以全部或部分闭合形式围割海域
		填海	筑堤围割海域填成土地
2	粒度		特定地理单元范围内，围填海形成的相对独立的地理单元斑块大小
3	用途	港口交通	用于布置泊位、堆场、机场等
		临港工业	用于布置工厂、电场等
		旅游娱乐	用于布置旅游基础设施、游码头等
		城镇建设	用于布置城镇
		其他	用于农业围垦及其他
4	平面形态[60]	简单几何形态	三角形、方形、矩形、梯形等简单几何形态
		复杂几何形态	简单几何形态的组合或圆形、椭圆形、多边形等复杂的几何形态
		仿自然形态	类似于自然界中的动物、植物或其个别部分的形态
5	与岸线的位置关系	顺岸	沿岸线布置，与岸线距离为 0
		离岸	远离岸线布置

完成围填海区块信息提取后，利用 SPSS 软件进行数据分析。

2.1.2　世界围填海分布

通过 GE 遥感影像可以看出，世界围填海主要分布在四个区域，分别是东南亚沿岸(中国、日本、韩国、新加坡等)、波斯湾沿岸(阿联酋、卡塔尔、伊朗等)、西欧沿岸(荷兰、希腊、德国、英国、法国等)、墨西哥湾沿岸(美国、墨西哥等)。具体可见图 2-1。

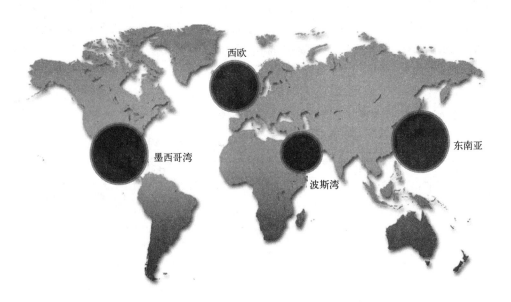

图 2-1　围填海在世界上较为集中分布的四大区域

2.1.3　世界围填海平面设计特征[①]

1. 围填海总量及平均粒度

统计发现，世界各国中中国的围填海总量最大，为 1 603.16 平方千米，比第二的日本高出近 1 000 平方千米，这表明，近年来中国东部沿海经济快速发展为围填海提供了重要的生产空间。此外，世界平均粒度为 5.59 平方千米，中国为 16.19 平方千米，居第二，这说明中国的围填海单体工程平均规模仍然偏大(表 2-2)。

---

① 本节内容已发表在《海洋技术学报》2015 年第 8 期:《基于 GE 的世界围填海分布及平面设计分析》。

表 2-2　世界主要国家围填海平均粒度情况①

序号	国家	总面积 （平方千米）	平均粒度 （平方千米）	序号	国家	总面积 （平方千米）	平均粒度 （平方千米）
1	中国	1 603. 16	16. 19	13	丹麦	15. 60	1. 56
2	日本	643. 64	10. 38	14	德国	24. 28	8. 09
3	韩国	424. 12	5. 65	15	法国	254. 43	12. 72
4	伊朗	27. 63	2. 30	16	瑞典	41. 22	5. 15
5	科威特	41. 49	3. 46	17	波兰	20. 28	5. 07
6	沙特	111. 60	22. 32	18	美国	340. 59	3. 09
7	巴林	59. 00	7. 38	19	加拿大	10. 29	0. 79
8	卡塔尔	94. 91	8. 63	20	巴西	3. 11	0. 44
9	阿联酋	190. 91	6. 16	21	乌拉圭	0. 72	0. 24
10	阿曼	6. 38	1. 06	22	阿根廷	3. 74	1. 25
11	俄罗斯	51. 76	4. 71	23	墨西哥	5. 74	0. 82
12	土耳其	2. 35	1. 17				

数据来源：Google Earth 遥感影像。

2. 平面形态和岸线形态

世界围填海平面形态在不同地区具有不同特征。

（1）东南亚国家。主要为中国、日本、韩国等主要填海国家，其填海形态通常呈现基本几何形状，以方形、矩形居多，多突堤、多区块组团、多人工岛。形成的岸线往往是平直的，平直的岸线前沿往往具有一定的水深条件，有利于港口码头作业和施工建设[67]。

（2）波斯湾沿岸国家。波斯湾沿岸的围填海，其填海形状多是仿自然形态，岸线圆滑，具有优美的天际线，注重景观生态设计，如阿联酋的迪拜棕榈岛、世界岛，令人印象深刻。这种平面形态设计可实现有限的岸线生态价值、经济价值最大化。

（3）西欧。欧洲的围填海充分利用自然岸线和海湾的曲折，依势而建，其平面形态在特点上没有刻意围填的痕迹，岸线形态古朴不刻意，充分利用海岸

① 对于填海年代较为久远的海岸带区域，可能存在实际为填海，但未纳入统计的情况，如填海大国荷兰，由于其填海年代久远，遥感影像难以辨识填海界限，因此未进行统计。

的自然资源特点[68]。

（4）墨西哥湾沿岸。主要填海国家是美国和加拿大，美国和加拿大地区的填海多用于城镇建设和游艇码头，注重水道往复、分割，在平面形态上多"丰"字形岸线形态设计，将岸线充分延长，大大提高了亲水岸线。

表2-3　四大填海区域典型平面形态案例

序号	区域	典型案例	
1	东南亚	日本某填海	
2	波斯湾	阿联酋的迪拜棕榈岛	
3	西欧	德国某填海	
4	墨西哥湾	美国波士顿	

案例图片来源：Google Earth 遥感影像。

围填海的平面形态选择既与海洋自然要素的区域差异相关，又与不同区域社会文化特点关联，更主要的是和不同地区的社会经济发展阶段有关。经济快速增加的发展中国家，或人均可利用土地面积较小的国家，倾向于将填海区域设计成方形、多边形或多种基本几何形状拼接的平面形态，其岸线是平直的，填海主要用于形成满足经济发展需要的陆域空间需求，用于布置港口和工业等；发达国家或人均土地资源富集的国家，倾向于将填海区域设计成有机的自然形状，给填海区域形态赋予特定的审美含义，填海形成岸线是曲折环绕的，多用于城镇建设、旅游娱乐，如设置丰富的游艇会等。

3. 世界围填海主要用途

通过 GE 遥感分析发现，各个国家的围填海用途各不相同，具体见表2-4。其中，中国填海主要用途是临港工业和港口交通；日本的填海主要是港口交通、城镇建设[69]；韩国的填海主要是临港工业和农业；美国的围填海主要用于城镇建设和旅游娱乐；阿联酋、卡塔尔等国的围填海用途主要为旅游娱乐和城镇建设。

表 2-4 世界典型国家围填海用途

序号	典型国家	围填海主要用途
1	中国	临港工业、港口交通、农业
2	日本	港口交通、城镇建设
3	韩国	临港工业、农业
4	伊朗	港口交通、城镇建设
5	卡塔尔	城镇建设、旅游娱乐
6	阿联酋	旅游娱乐、城镇建设
7	德国	港口交通、城镇建设
8	法国	城镇建设、港口交通
9	美国	城镇建设、旅游娱乐
10	加拿大	港口交通、城镇建设

此外，不同的平面形态设计决定了不同的开发利用方向，如平直的岸线利于港口、工业布置，曲折环绕的岸线便于形成良好的天际线，增加景观品位[70]。

2.2 典型国家围填海发展规律分析

2.2.1 典型国家的围填海及其平面设计①

1. 日本

日本的国土狭小，但海岸曲折、漫长，海湾众多。日本很早就开始围海造地。日本的围填海活动大致经历了 4 个阶段（表 2-5）。在 1945 年之前为围填海发展的初期，主要用于为农业和工业发展提供用地保障；第二次世界大战后的 1946—1978 年是日本工业迅速发展和恢复的重要时期，到 1978 年，日本人造陆地面积累计约达 737.00 平方千米，主要用于港口和临港工业，在太平洋沿岸形成了一条长达 1 000 余千米的沿海工业地带[71]；1979—1986 年，日本围填海主要用途发生变化，开始主要为第三产业，人们更加注重围填海对海洋环境的损害，以及围填海带来的效益[72]；进入 20 世纪 90 年代，日本经济增长缓慢，工业对土地的需求趋缓，社会公众对围填海的生态环境影响更加关注，日本的围填海活动开始逐年下降，特别是工业用围填海下降最多，一直到目前，日本的围填海基本保持每年 5 平方千米的总量。

---

① 本节内容已发表在《海洋开发与管理》2015 年第 32 卷第 6 期：《世界围填海发展历程及特征》。

表 2-5　日本围填海发展历程

序号	阶段	用途	规模
1	1945 年以前	工业、农业	145.00 平方千米
2	1946—1978 年	港口、临海工业、重化工业	737.00 平方千米
3	1979—1986 年	港口、第三产业	132.00 平方千米
4	1987 年至今	城镇、工业	每年约 5 平方千米

日本围填海管理主要经验有以下几点：①制定完善的法律法规体系。日本在 1921 年就颁布了《公有水面埋立法》，建立了围填海的许可、费用征收和填海后的所有权归属等管理制度[73]。②充分发挥市场在调节围填海总量中的作用。政府采取"不鼓励、不限制"的中立态度，以需求为主导、通过市场规律来调节。③注重区域的整体规划。从国家全局角度制定沿海地区发展的总体规划，对重点发展地区，如一些布置有产业带的较大海湾，有较为系统的总体空间规划[74]。④注重围填海的平面设计。对于基本功能岸段内的围填海项目进行平面规划，设计项目的布局与形态以人工岛式居多，自岸线向外延伸，平推的极少，工程项目内部大多采用水道分割，很少采用整体、大面积连片填海的格局，在岸线形态上，大多采用曲折的岸线走向，极少采取截弯取直的岸线形态[75]。

2. 韩国

韩国的围填海起步较早，早起的填海主要用于扩充农耕用地，解决农业用地紧张的问题，其围填海的发展历程可以分为 5 个阶段(表 2-6)。①1910 年是围填海萌芽期，主要是一些小规模的围填海工程，主要用于农业[2]；②1910—1945 年是韩国围填海开始期，填海工程分布广，主要用于农业种植；③1950—1980 年，韩国的围填海迎来蓬勃发展期，填海的用途逐渐向水利工程、工业建设等方向转变；④1980—1990 年的转型期，围填海的主要用途已经变成工业、交通运输或综合利用，农业用已占少数；⑤1990 年至今，民众开始意识到围填海的环境影响，政府开始采取谨慎的围填海政策，每年仅有较少的围填海实施[76]。

表 2-6　韩国围填海发展历程

序号	阶段	用途	规模
1	1910 年以前	农业	小规模围填海工程
2	1910—1945 年	农业	408.80 平方千米
3	1950—1980 年	农业、水利、工业	585.60 平方千米
4	1980—1990 年	工业、交通运输、农业	457.10 平方千米
5	1990 年至今	工业、交通	较少的围填海

韩国的围填海管理主要经验有：①完善的法律法规。有关围海造地管理最重要

的法律为 1961 年颁布的《公有水面管理法》及 1962 年颁布的《公有水面围填法》，以这些法律法规为基础，形成了完善的围填海使用申请审批制度程序[77]。②实施围填海的总量控制。制订了公有水面围填海基本计划，该计划每 10 年制定 1 次，每 5 年进行一次研究，必要时可随时进行更改。③深入和普遍的公众参与和谨慎的围填海管理政策。由于政府逐渐意识到公众对围填海的关注，并认识到围填海对环境的影响，韩国政府采取了谨慎的围填海政策，对只有公众认可的填海项目，才可以实施[78]。具体审批流程见图 2-2。以世界最长防波堤新万金工程为例，该工程经过长达 15 年，先后经历 5 任总统，斥资 1.9 万亿韩币(约等于 113 亿元人民币)，2006 年 4 月 21 日合龙，经历了 4 年的修缮之后才竣工完成。

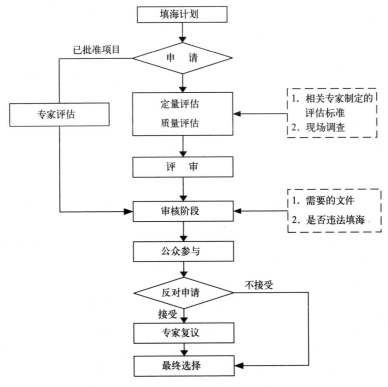

图 2-2　韩国围填海审批流程

3. 荷兰

荷兰围填海造地规模宏大，技术要求较高，有近 800 年的历史，并因此而著名。荷兰位于西欧北部，面临大西洋的北海，处于马斯河、莱茵河和斯凯尔特河的下游河口地区，是西欧沿海平原的一部分。荷兰海岸线长约 1 075 千米，境内地势低洼，其中 24% 的面积低于海平面，1/3 的国土面积仅高出海平面 1 米[79]。从 13 世纪至今，荷兰国土被北海侵吞了 5 600 多平方千米。为与洪水抗争，排除积水，防洪防潮，拓展生存空间,荷兰开展了大规模、长期持续的围填海造地行动。目前,荷兰全国围海造陆面积达 5 200 平方千米,挡潮闸建筑技术水平居世界前列[80]。

荷兰围填海造地的发展历程具体可以分为 4 个阶段(表 2-7)。①13—16 世纪是缓慢发展时期,利用最原始的方法,选择天然淤积的滨海浅滩,用木桩及枝条编成阻波栅,围出淤积区,在区内挖分布均匀的浅沟[81]。②17—19 世纪是飞速进展时期。进入 17 世纪,荷兰国力增强,达到历史上的"黄金时代",一方面风车得到改进,提高了排水效率;另一方面商人的投资力度加大,造地速度大大加快。③20 世纪为全盛时期。进入 20 世纪,出现了柴油机和电力取代蒸汽动力,围海、排湖造田的规模进一步扩大。④20 世纪末至今为退滩还水时期。前 3 个阶段主要是出于生存安全的需求,第 4 个阶段是为了追求与自然和谐相处[82]。

表 2-7　荷兰围填海发展历程

序号	阶段	用途	规模
1	13—16 世纪	防洪	1 200~1 600 平方千米
2	17—19 世纪	防洪、农业	3 000 平方千米
3	20 世纪	农业、工业	1 650 平方千米
4	20 世纪末至今	城市、林业	退滩还水 100 平方千米

4. 卡塔尔

卡塔尔位于波斯湾西海岸,是一个半岛国家,从南到北全长 160 千米,自东向西宽 80 千米,包括诸岛在内总面积 11 532.5 平方千米。卡塔尔于 1971 年才独立,凭借丰富的石油和天然气储量,使得该地区人均国内生产总值高达 9 万多美元,堪称世界上最富有的国家。

卡塔尔围填海发展起步较晚,但起点高,发展迅速。具有特色的填海工程包括珍珠岛、LUSAIL 工程、伊斯兰博物馆工程等。其围填海发展的特点有:①起点高,注重高品位。卡塔尔当地崇尚建设具有地标性的建筑,倾向将海岸建设成优美的景观廊道,如伊斯兰博物馆由华人设计师贝聿铭设计,突堤与人工岛相连,突堤为透水结构,人工岛四周采用直立式设计,没有不美观的海岸裸露。②注重水循环。注重将填海设计成水道交割的区块,水道往复、水流通畅,从而保证填海区域的生态功能最大化。③采用独特的内挖式"填"海。由于卡塔尔地区并不缺少土地资源,填海主要是为了营造优美的海岸环境,因此为节省土石方,就地取材,减少运输成本,采用了向岸内挖的方式进行"填海",通过这种方式起到对海岸进行整治、修复、开发的目的。

5. 阿联酋

迪拜是阿联酋七个酋长国之一,已从 20 世纪 60 年代的小渔村变成世界性国际化现代化大都市。为了与新加坡、香港、拉斯维加斯等在商业、休闲领域的竞争，迪拜酋长国提出了建设海上人工岛的宏伟工程。这项工程设计为朱迈拉棕榈岛填海工程、阿里山棕榈岛填海工程、代拉棕榈岛工程、世界岛工程。目前，棕榈岛和世界岛的开发已经基本完成。

迪拜的填海主要特征有：①整体规划。迪拜海上人工岛工程是以迪拜酋长家族为主导进行的大规模围填海活动，以其控制的 Nakheel 公司负责规划、设计和开发，政府部门发挥的作用实际上是为其提供服务。②不占用自然岸线，注重延长岸线。迪拜海上人工岛工程建设后可增加海岸线 1 000 多千米。③大量采用仿自然生态设计。填海工程大量采用优美形象，如采用了棕榈岛、世界地图等形象，给人印象深刻，已成为当地标志性工程。④注重环境影响，分散式开发。迪拜棕榈岛和世界岛工程是目前世界上大规模围填海的最先进模式，将大块的填海分散呈小块岛屿组团的方式，其在设计上注重环境影响，时刻注重突出"亲水性"。

2.2.2　世界围填海发展规律

1. 围填海主要需求模式

从世界范围来看，不同的国家往往因为国情、海洋资源和社会经济环境等各方面的差异，采用不同的原因开展围填海[83]。围填海的主要作用有：防灾减灾、形成农耕用地、形成工业用地、形成城镇生活用地[84]、形成景观或生态功能空间。根据各国围填海造地的成因可以分为 5 种类型：防灾减灾需求主导、农业需求主导、工业需求主导、城市化需求主导、景观生态需求主导（表 2-8）。

表 2-8　围填海需求类型

序号	类型	用途	典型国家
1	防灾减灾需求主导	防洪防潮、防侵蚀、防灾害性天气等	早期荷兰
2	农业需求主导	农业种植、水产养殖	韩国
3	工业需求主导	港口、码头、临港工业	日本、中国
4	城市化需求主导	城镇建设	美国
5	景观生态需求主导	亲海景观、旅游娱乐	卡塔尔、阿联酋

2. 填海规模及速度和经济发展速度正相关

填海是由需求主导的人类活动，纵观每个国家的围填海发展历程，围填海的规模取决于需求规模，围填海的速度受制于填海技术和需求的迫切程度，而需求规模、填海技术和需求的迫切程度都与经济发展速度密切相关。根据生产要素分配理论，当在一定时期，一个国家经济快速发展时，就迫切需要发展所需的空间这一生产要素及时给予供给，而陆域空间有限，加之短时期内生产力水平不会产生质变时，进行围填海是最行之有效的发展空间拓展的方法。因此，当一个国家经济快速增长、人口膨胀时，填海规模和速度就越大；反之，当一个国家经济和人口增速趋缓时，填海规模和速度会随之下降。

围填海总量和国内生产总值总量的关系符合边际报酬递减规律，即在一定的生产技术水平下，当其他生产要素的投入量不变，连续增加某种生产要素的投入量，在达到某一点以后，总产量的增加量将越来越小。这种现象存在的原因是，当一种投入如劳动被更多地追加于既定数量的土地、机器和其他投入要素上时，每单位劳动所能发挥作用的对象会越来越有限，如土地会越来越拥挤，机器会被过度地使用，从而使劳动的边际产量下降[85]。在围填海发展趋势中，土地是一种生产要素。在技术水平不变的条件下，增加土地这种生产要素的供给使得经济产出增加，但随着土地供给的进一步增加，带来的产出增量越来越小。同时技术发展创造新的经济增长点。因此在一定时期内，围填海面积的增加伴随着经济的增长而迅速增长，这段时期过后，经济会依靠新的增长点继续增长，而围填海面积增速会放缓。

3. 填海用途反映国家总体经济社会水平

研究表明，每个国家在不同的历史时期，围填海的主要用途变化呈现一定的规律性。就每个国家而言，在发展初期，填海主要用于粮食生产；进入现代化建设阶段，填海主要用于工业、港口；进入现代化后，填海逐渐成为增加亲水空间、提供景观生态区的重要手段。就整个世界围填海发展历程而言，发展中国家大部分仍处于通过填海为农业、工业用地提供发展空间的阶段，发达国家已经越来越注重填海的生态环境保护和景观设计，填海主要用于增加亲水空间。

综上所述，我国应结合当前社会经济发展现状，对比世界其他国家，吸取他国在围填海管理中的经验，为当前我国的围填海发展提供借鉴。

2.3　我国围填海平面设计现状

2.3.1　我国围填海发展历程及现状

根据国家海洋局的《海域使用管理公报》显示，"十一五"期间，全国围填海造地总趋势持续增长，为中华人民共和国成立以来我国围填海造地面积增长速度最快的时期，"十一五"期间，全国累计确权填海造地面积 6.72 万公顷，平均每年为 13 441.29 公顷，占 2002—2012 年填海造地确权总面积的 60%，其中，2009年全国围填海造地确权面积达到 17 888.09 公顷，为历史上围填海造地面积最大的一年(图2-3)。"十二五"期间，围填海确权面积整体呈下降趋势，到目前为止，平均每年为 11 377.71 公顷，其中 2012 年确权面积 8 619.08 公顷，为近10 年来最低。

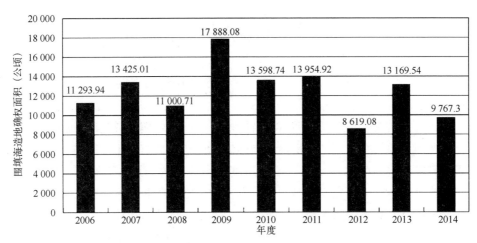

图 2-3　2006—2014 年我国围填海造地确权面积变化情况

数据来源：国家海洋局《海域使用管理公报》

2006 年全国围填海造地确权面积为 11 293.94 公顷，比 2005 年减少 368.30 公顷，而围填海造地确权面积占全部海域使用确权面积的比例上升为 3.80%。2007 年全国围填海造地确权面积跃升为 13 425.01 公顷，比上年度净增加 2 131.07 公顷，比 2005 年增加 1 762.77 公顷，围填海造地确权面积比例上升为 4.16%。2008 年围填海造地确权面积又萎缩为 11 000.71 公顷，比 2007 年减少了 2 424.29 公顷，与 2005 年相比也减少了 661.53 公顷，围填造地确权面积比例进一步上升为 4.88%。这正好体现了 2008 年全球金融风暴对我国围填海及其他海域使用类型融资投资产生了影响。为了提振经济形势，国家海洋局响应国务院“关于进一步扩大内需，促进经济平稳较快发展的重大决策”，于 2008 年年底出台了十大政策措施，确保海洋工作为国家扩大内需、促进经济平稳较快发展提供最直接、最快捷、最现实的服务保障。2009 年全国围填海造地确权面积快速增加为 17 888.08 公顷，比 2008 年净增加了 6 887.37 公顷，为近 5 年来全国围填海造地确权面积最大的年份，同时围填海造地确权面积占当年海域使用确权总面积的比例也创纪录地上升为 10.02%。2010 年全国围填海造地面积又回落至 13 598.74 公顷，比 2009 年减少了 4 289.35 公顷，比“十一五”初期的 2006 年增加 2 304.80 公顷。2011 年与 2010 年基本持平，为 13 954.92 公顷。2012 年为近 10 年来围填海造地确权面积最少的一年，为 8 619.08 公顷，比 2009 年减少了 9 269 公顷。2013 年围填海确权面积又回升至 13 169.54 公顷。2014 年确权面积下降到 9 767.3 公顷，比 2013 年减少 3 402.24 公顷。近几年，围填海确权面积从整体上呈震荡下降趋势。

2.3.2　我国围填海管理现状

1. 围填海计划

为了合理控制围填海规模，2009 年国家海洋局与国家发展改革委员会联合建立了围填海计划管理制度，将围填海计划纳入到中国国民经济和社会发展规划。国家每年定期公布全国和沿海各省围填海总计划规模，规定所有的填海项目必须首先列入围填海计划，获得计划指标后才可获得批准。年度围填海计划规模根据国家宏观调控的总体要求，按照适度从紧、集约利用、陆海统筹的原则制订，围填海计划指标优先安排给国家重点基础设施、产业政策鼓励发展类项目和民生领域项目，对于限制类和淘汰类项目，不予安排计划指标。

2. 海洋功能区划

中国的海洋功能区划制度起源于 20 世纪 90 年代，至今已实施 3 轮，有近 30 年的历史。中国的海洋功能区划就是海上的空间规划，是对海洋空间开发和保护做出的总体部署。海洋功能区划制度在中国具有很高的法律地位，2002 年颁布实施的《中华人民共和国海域使用管理法》规定："海域使用必须符合海洋功能区划。"2012 年国务院批准实施了《全国海洋功能区划（2011—2020 年）》和沿海 11 个省级海洋功能区划。这一轮海洋功能区划对围填海的管理主要体现在两个方面：一是规范了围填海的选址，功能区划划定了工业与城镇用海区，可以引导建设项目集中布局；二是功能区划确定了到 2020 年的围填海总规模，实现了总量控制。如《辽宁省海洋功能区划（2011—2020 年）》规定，2011—2020 年期间，围填海总量不得超过 253 平方千米，其他各省的功能区划也都有类似规定。

3. 区域用海规划

为加强对围填海的管理，促进围填海项目集中布置，减少对海洋环境的影响，国家海洋局 2006 年建立了区域用海规划制度，要求地方政府尽量将同类型或具有互补关系的用海项目集中布置，对于集中布置、需要整体围填海开发的，要求统一编制区域用海规划，实现该区域用海项目的整体规划、整体论证和整体审批，大大提高了围填海布局的科学性。地方政府编制区域用海规划报国家海洋局批准后，可引导用海项目向区域用海规划的海域集聚，严格控制园区外的围填海，从而实现了节约集约用海的目标。

区域用海规划制度在中国围填海管理实践中发挥了显著作用。这主要体现在两个方面：一是落实了国家对于沿海开发的宏观战略规划，促进了海洋经济发展；二是实现了同类型围填海项目的集中集约布置，优化了围填海项目和海洋产业布局。2008 年至今，国务院批准了 21 个沿海发展战略规划，沿海地方政府为促进这些战略规划的实施，组织编制了多个区域用海规划，将同类型或可以互补的不同类型用海需求整体考虑，整体布局，整体规划。根据国家海洋局统计，地方政府已经编制实施了 80 多个区域用海规划，规划内布局了 5 000 多个围填海项目，规划投资 31 000 多亿元。海洋经济总产值在 2014 年已经超过 6.0 万亿元，在国民经济总产值中的占比超过 12%。近年来，我国的围填海项目 80% 都坐落在区域用海规划内，保障了围填海项目的集中布局。

4. 围填海平面设计

为保护自然岸线和近岸海域资源，解决围填海方式不合理问题，2008 年，国家海洋局制定了《关于改进围填海造地工程平面设计的若干意见》（国海管字〔2008〕37 号）（以下简称《意见》）。《意见》提出了三个重要的管理原则：一是围填海项目在选址时应尽量避开自然岸线，不占用或少占用自然岸线，在技术经济条件允许的情况下尽量采用人工岛的方式，离岸布置围填海项目，人工岛的离岸距离应科学论证；二是围填海项目应尽可能营造更多的人工岸线，采用设置多个突堤等方式增加岸线曲折度和人工岸线长度；三是围填海项目在设计规划时，应注意项目的景观效果和生态价值，尽量采用多个区块组团的方式布置围填海，围填海项目面积在一定程度后内部应设置一定的水系，提高围填海区域的景观生态价值。国家海洋局还规定，围填海项目在申请审批过程中，用海申请者需提交围填海平面设计方案，管理部门对围填海平面设计不符合《意见》的，要求用海申请人重新设计。

国家海洋局对围填海平面设计的管理起到了显著成效。根据国家海洋局统计结果，近年来，几乎没有项目再采用顺岸平推和截弯取直的方式围填，约有 50% 的围填海项目采用人工岛和多区块组合的方式围填海，如图 2-4 所示。

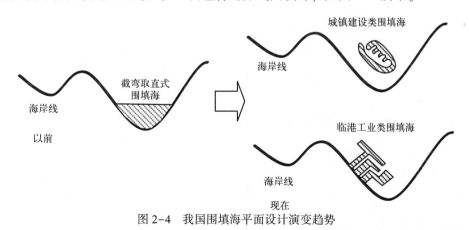

图 2-4　我国围填海平面设计演变趋势

5. 用海面积控制指标

由于填海造地成本低，形成的土地收益高，海域使用申请人可能超实际需求申请填海。为解决这一问题，国家海洋局从 2008 年开始了主要用海产业填海面积控制指标的研究与制定。这项政策的思路是，各类用海有其本身的规律，用海项目的设计产能与使用海域的面积正相关。要依据投资规模和生产规模申请海域，依托填海进行的生产设计产值越大，所需的海域面积越大；申请海域单位面积投资必须达到一定程度，才能保证海域得到有效利用。

2017 年 5 月，国家海洋局发布实施了《建设项目用海面积控制指标（试行）》，具体见表 2-9 和表 2-10。

表 2-9　建设项目用海面积主要控制指标值

海域使用类型			海域利用率（%）	岸线利用率	海洋生态空间面积占比（%）	投资强度	容积率	行政办公及生活服务设施面积占比（%）	开发退让距离（米）	围填海成陆比例（%）
一级类	二级类									
渔业用海	渔业基础设施用海	渔业基础设施	≥65	≥1.2	—	—	—	—	—	—
工业用海	船舶工业	船舶工业	≥65	≥1.2	10~20	见表2-10	≥0.5	≤7	—	
	电力工业	电力工业	≥55				≥0.5			
	其他工业	钢铁工业	≥55				≥0.5			
		石化工业	≥65				≥0.4			
		水产品加工业	≥55				≥0.8			
		装备制造业	≥55				≥0.5			
		其他工业	≥55				≥0.5			
交通运输用海	港口用海	港口工程	≥60				—			
		仓储物流	≥60				≥0.6			
旅游娱乐用海	旅游基础设施用海	旅游基础设施	—	≥1.4						≤95
造地工程用海	城镇建设填海造地用海	城镇住宅商服建设项目	18~45	≥1.3	≥15		≤2.4	—		—
			35~55				≤3.5	—	≥20	
		城镇其他建设	18~50				≤1.5	—		

表 2-10　建设项目用海投资强度控制指标值　　　单位：万元/公顷

海域使用类型			海域等别					
一级类	二级类		一等	二等	三等	四等	五等	六等
工业用海	船舶工业	船舶工业	≥3 675	≥3 000	≥2 265	≥1 650	≥1 425	≥1 320
	电力工业	电力工业	≥6 100	≥5 180	≥4 260	≥3 340	≥2 420	≥1 500
	其他工业	钢铁工业	≥3 000	≥2 460	≥1 875	≥1 380	≥1 200	≥1 100
		石化工业	≥2 550	≥2 100	≥1 605	≥1 200	≥1 050	≥975
		水产品加工业	≥1 980	≥1 650	≥1 275	≥975	≥870	≥810
		装备制造业	≥3 000	≥2 460	≥1 875	≥1 380	≥1 200	≥1 100
		其他工业	≥1 980	≥1 650	≥1 275	≥975	≥870	≥810
交通运输用海	港口用海	港口工程	≥3 900	≥3 260	≥2 620	≥1 980	≥1 340	≥700
		仓储物流	≥4 000	≥3 350	≥2 700	≥2 050	≥1 400	≥750
旅游娱乐用海	旅游基础设施用海	旅游基础设施	≥2 000	≥1 650	≥1 320	≥1 200	≥1 090	≥990
造地工程用海	城镇建设填海造地用海	城镇住宅	≥6 980	≥5 600	≥4 500	≥3 480	≥2 240	≥1 150
		商服建设项目	≥5 000	≥4 250	≥3 600	≥2 880	≥2 300	≥1 840
		城镇其他建设	≥3 250	≥2 790	≥2 240	≥1 790	≥1 430	≥1 150

注：海域等别依据《关于加强海域使用金征收管理的通知》（财综〔2007〕10号）确定。当国家海域等别进行调整时，以最新调整成果为准。

目前，沿海各地如天津、福建、海南等均已发布实施了用海面积的控制指标，实现了围填海的定额、集约管理。如天津海洋管理部门规定，所有的旅游娱乐填海项目，申请使用的海域总面积中，填海不得超过70%；港口工程填海的投资强度必须大于3 800万元/公顷。各类填海项目控制指标具体见表2-11。

表 2-11　天津市填海项目控制指标

填海用途	投资强度（万元/公顷）	建筑系数（%）
港口工程	≥3 800	≥75
石化	≥6 600	≥60
设备制造	≥3 700	
医药制造	≥5 600	
非金属矿物制品	≥3 200	
电力工业	≥6 100	
物流	≥3 300	≥75

数据来源：天津市关于下发集约用海控制指标的通知。

6. 海域使用论证和海洋环境影响评价

海域使用论证结论为项目用海审批的重要依据，2002 年《中华人民共和国海域使用管理法》确立了海域使用论证管理制度。国家海洋局对论证单位和人员进行资质认定，制定了《海域使用论证技术导则》（以下简称《导则》）。《导则》依据对海域自然属性和海洋环境影响程度程度，将用海项目的海域使用论证分为 3 个等级。其中一级论证最为严格，论证的内容和深度要求更高。用海规模较大、对海域自然属性影响大的用海项目必须进行一级论证，影响较小的进行二级论证或三级论证。填海项目大于 10 公顷的必须进行一级论证。一级论证必须论证如下 6 个方面的内容。

（1）项目用海的必要性。

（2）项目用海对海洋环境资源的影响分析。

（3）项目用海的利益相关者分析。

（4）项目用海与海洋功能区划的符合性分析。

（5）项目用海的合理性分析。

（6）项目用海的海域使用管理对策分析。

海域使用论证和海洋环境影响评价结论认为项目用海可行的项目，在通过专家评审后，海洋管理部门才会批准同意用海申请。

对围填海项目，国家海洋局还要求必须进行用海选址、用海方式、平面布置、平面设计、用海面积等的合理性分析及方案比选，其中占用岸线少、形成人工岸线多的方案往往能获得胜出。

7. 围填海的审批和监管

国家海洋局于 2002 年依据《中华人民共和国海域使用管理法》建立了用海的申请审批和监督管理制度。对不符合海洋功能区划的项目用海，一律不予受理。根据国务院文件和《产业结构调整指导目录》，重点满足国家重大基础设施用海，严格限制高耗能、高污染和资源消耗型工业项目用海，坚持节约集约用海，严格控制项目围填海面积和海岸线占用长度。建立了国家海域使用动态监视监测管理系统，通过卫星遥感、航空遥感、无人机遥感和地面监视监测等多种方式，从严执行围填海项目动态监测与监督管理工作。

2.3.3　我国围填海工程平面设计概况

国家海洋局 2008 年发布的《意见》中提到，必须尽快转变围填海造地工程的社会、经济、环境效益，最大限度地减少其对海洋自然岸线、海域功能和海洋生态环境造成的损害，实现科学合理用海。核心是由海岸向海延伸式围填海逐步转变为人工岛式和多突堤式围填海，由大面积整体式围填海逐步转变为多区块组团式围填海。平面设计要体现离岸、多区块和曲线的设计思路。

我国现阶段围填海平面设计仍以顺岸式为主，休闲旅游型围填海工程由于需要增加对游客的吸引力，创造更好的旅游休闲环境，平面设计主要选择人工岛式。未来，随着国家对围填海管理政策的调整以及近海海岸线资源的不断减少，围填海工程平面设计必将以集约、高生态价值、可持续发展的离岸式、多区块和曲线设计为主，始终坚持保护、延长自然岸线并努力提升景观效果的原则。

2.4 我国围填海平面设计存在的问题

《意见》对我国围填海造地工程的平面设计进行了规范和指导，发挥了一定作用，具有非常直接的现实意义。但该《意见》过于笼统，过于原则，已不能满足当前海域管理精细化、科学化的需要。目前，沿海各地的管理部门和用海单位对改进围填海方式的重视程度越来越高，人工岛式的填海规划方案所占比例也越来越大，这种趋势是好的，但同时，我们也注意到了一些问题。

2.4.1 围填海选址不合理

目前我国围填海突出的问题是选址不合理，导致围填海挤占近岸滨海湿地和生态空间。滨海湿地和近岸海域具有水质净化、生物多样性保育、环境与气候调节等多种海洋生态系统服务功能，是维护沿海地区生态安全的重要屏障。在河口、海湾、滨海湿地围填海造地，造成滩涂湿地面积锐减、河口港湾淤塞，极大地改变了近岸海域原有的生态结构，导致生物多样性维持功能普遍降低，环境和气候调节功能基本丧失，防御台风(风暴潮)灾害能力弱化等海洋生态环境问题突出。例如，渤海湾众多的围填海工程导致莱州湾3/4的岸线平直化，鱼虾产卵场孵化场严重衰退或消失。围填海还会直接压缩近岸海域原有的渔业生产空间，导致部分渔民失去赖以维持生计的渔业生产基本场所，围填海征用渔业用海利益纠纷增多，影响到周边海域的渔业生产活动，削弱了围填海周边海域的渔业生产功能，降低了渔业生产的社会收益，引发了不同行业的用海矛盾。

此外，从全国围填海的布局来看，我国沿海通过填海形成的工业园区上马项目多集中在港口、冶金、石油化工、船舶制造、机械制造等行业，许多临近区域重复建设相同产业，加剧了产能过剩，不同地区之间甚至出现了恶性竞争。以环渤海地区造船业为例，在辽东湾区域密集布置了大连长兴岛临港工业基地、营口沿海产业基地、盘锦沿海经济区、绥中沿海产业基地、秦皇岛沿海制造业基地等数十个船舶制造基地，规划产能规模与韩国持平。

2.4.2　围填海开发利用粗放

由于沿海土地价格远高于填海成本，在土地财政和严格的耕地保护政策下，"向海要陆"是沿海各级地方政府的普遍做法。这导致我国围填海面临开发粗放的突出问题，一方面围填海的规模超出需求，另一方面已进行确权或成陆的填海被大量闲置，存在"晒地皮"的现象，围填海的存量空间巨大。由于围填海面积巨大，一些地方因为资金问题，仅仅实施了围堰工程。对于已经填完形成的土地，因为入驻项目有限，无法全部进行工业或城镇开发建设，导致大量围填海形成土地闲置，不仅不利于海域资源的节约集约利用，还会影响到国家固定投资的经济效益，增加银行的金融风险。

2.4.3　围填海平面形态设计不科学

主要表现在，一方面我国的绝大部分围填海仍然是采用顺岸的方式开展，围填海占用了绝大部分的人工岸线；另一方面采取的离岸式填海不考虑区域适宜性，刻意追求填海离散效果和过于追求人工岛的形态特征，却忽略了填海的成本和区域适宜性。人工岛式填海并不适合所有海域，比如在一些高涂、淤积严重区域的填海，就不适合采用人工岛式，否则，不但体现不出人工岛式填海在增加海域价值、减少环境影响、改善景观等方面的优越性，更是劳民伤财。因此，人工岛式填海应因地制宜。人工岛需要在四周建设围堰，有的围堰又需要一定面积的护坡。人工岛岛体越小，有效利用面积占工程总面积的比例也越小，单位有效利用面积的投资成本就越高，因此，人工岛平面布置方案应经充分的设计论证，从合理利用资源、保护海洋环境、节约经济成本、便于开发利用等角度进行综合平衡，优选适合海域自然条件的人工岛布置方案。例如，参照国外知名的世界岛、棕榈树等人工岛群设计思路，选择一些能体现中国或当地文化元素的图案，进行人工岛布局，以提升区域形象和知名度。但需要注意的是，围填海布局设计应首先尊重自然规律，如采用具有象征意义的布局图案，必须以保证海域资源利用、海洋环境保护、沿岸景观建设、开发利用效率等的科学性、合理性为前提，否则就背离了推进人工岛填海方式的初衷。

部分区域用海规划或填海面积较大的单体项目，为加快办理进度、满足审查需要，存在刻意增加突堤、随意布置岸线、随意增加岸线长度的现象。这种随意的行为一方面没有考虑填海区域的实际海域自然条件（如等深线走向、海流情况等），会对以后的海洋环境造成重大影响（如淤积、侵蚀等）；另一方面将大大增加填海成本，带来负面效果。

2.4.4　管理部门缺少有效的审查依据

对于以上现象，究其根本原因是管理部门缺少有效的约束手段。虽然《意见》对围填海平面设计优化提出了原则性的要求，但提出的要求过于原则，反而给用海单位逃避审查提供了方向。例如，《意见》仅规定多突堤、多人工岛、多组团的平面设计原则，但未明确哪种情况下适宜多突堤、哪种情况下不宜进行人工岛布置，若采用人工岛布置，离岸的距离应至少满足什么要求等；《意见》虽然规定增加岸线，但未对增加岸线的情形提出要求，也未对增加的岸线如何布置提出要求。

以上问题都需要进一步深入研究，针对不同问题提出相应的解决措施。

第3章 基于水循环的围填海平面设计

海洋是生命的摇篮，"亲海"是人类的天性。人们早就意识到，无论是内陆城镇还是滨海空间，临近景观优美的水系更宜于人类居住，具有更高的生态服务价值。在城市规划中，人们提出了对于水系设置的有关要求，编制了《城市水系规划规范》。围填海形成的陆域本身濒临海域，具有得天独厚的亲水特性。国外的围填海多采用水道分割的方式进行区块围填，这是对海洋环境影响较小的围填海方式，同时可以大大延长岸线，提升海域价值。当前发展海洋经济已上升为国家战略，今后一段时期围填海仍将面临发展的热潮。在此背景下，开展围填海平面设计-水系设置的专题研究非常必要，也具有极强的现实意义。

3.1 我国城市规划设计中水系设置

城市水体及水系空间环境是城市重要的空间资源，是体现城市资源、生态环境和空间景观质量的重要标志，是城市总体空间框架的有机组成部分。水系规划既要满足城市发展的战略需要，同时又影响着城市总体空间结构的发展模式和方向，因此提出将水系规划纳入到城市总体规划中，在城市总体规划过程中展开，构建与城市总体建设构想相辅相成的水生态环境空间系统，实现城市建设和水生态环境的和谐统一，进而创造出生态优良、文明繁荣、可持续发展的城市发展格局。水系规划对象的确定强调四个方面的重点内容。

(1)以城市规划区内的水体为对象。水系是一个区域性的有机体，特别是江、河一类的水体与周边城市有着十分密切的上下游关系，但各个城市的水系规划也不能无休止地延伸到非本城市管辖的范围之外。根据城市规划法，城市规划区是城市实施规划管理具有法律效力的区域，因此水系规划的编制应以具有法律地位的城市规划区范围内的各类水体为主要规划对象。

(2)水系的区域关系。城市总体规划在确定规划区范围时应充分考虑水系的区域关系。对于总体规划有待修编的城市，水系规划的范围应根据各城市的水系的具体情况，在充分考虑水系的区域关系之后，确定一个适宜的规划范围。

(3)以各类地表水为主。在规范编制的过程中，对地下水是否纳入规划进行过多次的争论，最终的结果是以地表水为主。主要的原因是由于地下水的详细资料在一般情况下比较难以取得，为避免因等待地下水资料而耽误了水系规划的时机，因此决定以地表水为主要对象。但是，鉴于地下水是更为重要的生存性资源，建议对已经具有地下水资料的城市，也应将地下水纳入到城市水系规划之中。

（4）可以考虑不编制水系规划的城市。考虑到南方城市和北方城市的水量不同，城市规划区范围内水体数量特别小的城市可不必展开专门的水系规划，可结合城市绿地系统规划和城市给排水等专项规划完成。

城市水系的规划布局重点要处理好几个空间关系。

（1）水系与城市绿化空间体系的关系。水系和城市绿化系统一起，将形成城市总体空间格局的重要组成部分，即城市总体框架虚实相生的"虚空间"体系起着重要的生态作用，尤其要处理好水系与绿化体系之间的关系，形成相融相生的水系生态绿化体系。

（2）对水系与环境质量的保护与控制。这必须充分考虑水系与城市给排水系统的完善衔接，并充分考虑采用更先进的、生态性的水处理方式，降低成本，提高处理效率。

（3）对于水系丰沛的城市，还可进一步考虑水系网络的连通和衔接，激活水系，强化水的自净能力，同时，形成连续的水网游览线路，提升城市游憩和旅游功能。

结合水系的空间和生态特征，对水系空间的保护可以按照从水到岸的思路，通过水体—岸线（滨水带）—滨水空间（陆域）的三个圈层来进行保护，并提出具体水生态保护措施。水系规划必须统筹兼顾这三个圈层的生态保育、功能布局和建设控制，岸线和滨水地区功能的布局必须形成良性互动的格局，避免相互影响。2003 年 2 月国家环境保护总局颁布了《全国生态环境保护纲要》，2003 年 5 月颁布了《生态省、市、县建设指标》等指导性文件。可以说生态理念日益深入到城市建设的各个环节，水系空间作为城市生态环境最为重要的载体之一，其规划控制必须体现生态优先的理念。水系空间生态优先的理念主要表现在：①对水系原生态空间的保护；②防洪、交通等基础设施设置对自然环境的尊重；③对水污染的控制和治理。

从国际上的发展趋势来说，水系空间生态环境的保护和抚育成为世界各国各城市在进行滨水地区规划的首要考虑因素，水系空间的生态性成为衡量一个滨水地区设计的重要标尺，许多优秀案例都体现出对滨水区原生态的关注和重视，最典型的是加拿大多伦多安大略湖滨岸线在建设时，为避免给湖滨地区带来更多影响，仅沿湖建设了简朴的自行车和跑步道，绿化建设也保持了原有的植物物种，使人的活动对原生态物种的影响降到最低，形成了人与自然共享的空间；又如美国得克萨斯州的休斯敦为解决严重的洪水泛滥而实施西姆斯河道整治项目，经过研究后，否决了原先浇筑混凝土护岸的方案，形成了集防洪设施、自然公园、交通缓冲走廊、野生动物保护区、生态湿地污水处理区和物种繁殖区为一体的生态型滨水区。

水系空间是城市最为宝贵甚至是稀有的空间资源，让全体市民共同享受水系空间不仅有社会效益上的考量，而且有经济效益上的考量，因此在规划时确保水系的共享性是一个重要原则。水系空间的公共性一方面表现为权属的公共性。这一直成为世界各滨水城市高度关注的问题，为避免水系空间被个体或集团占有，很多城市对此实施了非常严格的立法制度，确保滨水空间为广大市民所共享。另一方面还表现为功能的公共性。在滨水地区布局公共性的设施有利于促进水系空间向公众开放，并有利于形成核心积聚力来带动城市的发展。成功的案例如美国巴尔的摩、悉尼情人港等滨水地区的建设。

水系空间是典型的开敞空间，往往给滨水的建筑留出了开敞的、尺度适宜的观赏距离，为集中展现建筑群体的整体形象提供了优越的条件，成为塑造城市形象的重要环节，因而水系规划不应仅仅限于水系物理环境和生态环境的治理和保护，还应充分体现规划对水系空间景观体系的引导和控制，塑造出优美、高品质的城市空间形象。

作为城市短缺性资源的控制规划，其规划期限应至少与城市总体规划期限相一致。从某种程度上，水系资源是一个城市永久生存和发展的命脉，因而水系规划应该在总体规划期限的基础上进行更加长远，甚至是永久性的谋划，针对重要的水体、水体功能和重要的岸线、滨水地区提出长远的控制管理措施。与水系相关的专项规划很多，包括给排水规划、航道规划、防洪规划等，均有十分完备的国家规范标准。本次水系规划规范主要强调水系规划与这些专项规划的衔接关系。

3.2　基于水循环的围填海平面设计特点

本研究中所指的水循环系统是指，在现有的社会经济条件下，结合海洋功能区划、区域用海规划等相关规划的布局，根据海水流动性的自然属性，利用潮汐、潮流、海流等水动力条件，实现水体在围填海区域内的循环流动，从而保持区域内水体交换、水质改善，并在一定程度上延长亲水岸线，增加亲水空间，提升区域内的景观和品位。

我国填海方式要改进的核心是由截弯取直和平推式填海转变为人工岛式填海，由大面积整体式填海转变为多区块组团式、多岛屿式填海。先进的填海方式多采用水网、水道将大片的、整体的填海土地分割开来，以减小对生态环境的影响，并获得更多可利用的海洋资源，但前提是保证水网、水道的流动性，才能进行海水的置换，泥沙和污染物的迁移，维持其生态功能。为保证填海区水网、水道的流动性和生态功能，应在填海区域规则中引入水循环系统。

3.2.1　基于水循环的围填海平面设计的优点

实现围填海平面设计中的水体循环，可以有效降低围填海区域排污造成的污染物富集，利用水交换实现海水自净，从而改善水质；增加水体的连接，形成水道网络，利于区域内生物的迁徙，维持生态功能；贯通原有陆地和所在海域，疏通泄洪的通道，一定程度上减轻洪水带来的潜在灾害；增加亲水的岸线，扩展亲水空间，提高海域的利用效率，提升区域的综合功能价值。设置水系并保持水循环的围填海方案会在一定程度上增加填海成本，工期更长，同时其后期的维护成本也更高，申请同等海域面积的条件下，创造的"有效土地"更少，出地率降低。但是，在海域资源，尤其是近岸海域资源日益匮乏的条件下，采用水循环系统的围填海提高了海域使用效率，提升了区域海域资源价值，对周边海洋环境和生态的影响更小。

基于水循环的围填海平面设计主要具有以下优点。

1. 提高海域利用效率，提升海域综合价值

传统的围填海多采用顺岸平推、截弯取直等在工程施工上最容易的围填方案，这种围填海方式仅仅是把海洋面积转换成了陆地面积，实现陆域空间的简单拓展，与此同时，却极大程度地破坏了原有的自然岸线，损失了近岸的亲水空间，原有近岸区域的亲海属性基本完全丧失，同时在很大程度上也破坏了区域进一步开发利用的可能。

引入水循环理念的围填海将大大提高区域内海域的利用效率，提升海域综合价值。这种围填海方式大大增长了岸线，提供了大量的亲水区域，该区域也为后续的开发利用提供"无限可能"，可以进行海上交通、旅游观光、海水利用等多种用海活动，实现海域利用在区域和开发利用方式上的自由度和可持续性。与此同时，循环的水体保证了区域的水质，创造了更多高价值的沿岸土地，是海域集约、高效、深化利用的有效方式。

2. 海洋生态价值保持，最大限度减少对海洋环境的影响

传统的填海方式将海洋粗放式地转变为陆地，过分地将原有自然曲折岸线取直，导致附近海洋水动力条件改变，海水冲淤和扩散能力减弱，致使污染物沉入海底，降低了海水水质；部分填海工程占据了海洋生物的栖息地或迁移路线，导致区域内生物量减少，破坏了原有的生态系统。

水循环模式的围填海在一定程度上仍然可以维持水体交换和区域海洋生态系统，这是因为：通畅的水道网络保证水体的交换和流动，维护了水质和生物的生存环境，增加的亲水岸线为鱼类等海洋生物提供了栖息场所，可以吸引新的海洋生物前来生息繁衍。此外，水体围绕围填海区块的循环流动，仿佛天然的冷暖空调，海水较大热容可以有效调节围填区域的温度、湿度，一定程度上可以缓解"区域热岛效应"。

3. 提高区域品位

水系对于一个区域品牌价值的提升具有不可估量的作用，众多城市皆因水而闻名，例如阿联酋的迪拜为世人耳熟能详，便是因为其四大人工岛群(三个棕榈岛和一个世界岛)营造了号称世界第八大奇迹的"海上水城"。我国沈阳计划将水域面积由2.73%提高到10%，以彻底改变其缺水、缺少动感和活力的面貌；古城西安正计划逐步恢复历史上"八水绕长安"的美景，使这座古城重新焕发生机；天津在对2004年城市总体规划的修编中提出，恢复水生态、修复水系，构建"北方水都"，争取实现"水系相连、水绕城转、水清船通"的目标。区域有了水便可以焕发勃勃生机，有了水便有了灵性，水循环系统使围填海区域实现了水和城市陆域的有机融合，达到"水绕城、城绕水"的效果，是对城市生态和形象的重新塑造，打造了城市多样性的一面。

3.2.2 基于水循环体统的围填海平面设计应具备的特点

1. 整体优化，布局合理

围填海区域应当具备整体感、和谐感，不同功能区块之间不是简单的拼凑，相互之间不脱节、不矛盾，与陆域是紧密联系的，开敞的绿化系统，交通便捷，围填海区域对所处区位的功能具有整体优化、促进作用。

2. 亲水性

人类天生具有亲水的心理趋向，引入水循环系统的围填海平面设计方案可以改善区域水质，可以最大限度形成优质亲水岸线，可以提升整体景观生态效果，人与水、与海岸带空间、与生态环境可以良好融合。

3. 多样性

丰富、多样、多选择是一切"美好"的前提，是海岸带空间发展的需要，是维持海洋不同功能的前提。围填海区域内的水系设置应宽窄相济、凸凹并存、循环往复、生机多样、层次丰富，不宜千篇一律、千城一面，既要注重和区域历史文化的传承，又要体现自己的风格。

4. 自然生态可持续

水系设置应符合海水运动的自然规律，减少人为干扰，模拟自然水系群落的结构，充分发挥水系的功能和作用。

5. 技术经济可行

要考虑长远，统筹考虑成本、技术、经济收益和生态景观收益，实现区域可持续发展。

3.3　基于水循环的围填海平面设计的主要考量

3.3.1　自然环境因素

1. 海洋水文、地质条件

围填海区域一般发生在靠近海岸的区域，该区域属于海洋、陆地、大气、河流相互影响的交互地带。这里的海洋水文特征受地形地貌影响呈现各不相同的特征，与此同时，海底、海岸的冲淤和泥沙运动由于潮汐、潮流驱动而呈现出动态的平衡。在这里填海势必会影响海洋的自然环境，改变区域的水动力特征，破坏原有的动态平衡，一定程度上造成岸线的淤积和冲刷。从某种意义上讲，填海面积越大，对海洋环境造成的扰动越明显。在填海面积相当的情况下，填海的环境影响往往受位置的影响最大。在面积和位置基本确定的前提下，填海区的形状和摆放角度会呈现出对海洋环境不同的影响程度。当引入水系并做到其水交换顺畅的情况下，在保证海洋环境一定的承受界限内，对围填区域进行平面布设便存在多种"可能性"和"自由度"。

2. 海洋灾害

海洋气候的复杂多变，加之浅水效应在近岸地区的功效放大，致使近海区域成为气象灾害和工程地质灾害频发的地区。我国每年因台风而形成的风暴潮、暴雨等灾害都会对沿海地区城市产生严重的破坏，造成巨大的生命财产损失。据史料记载，1895 年天津地区的一次风暴潮几乎毁掉了大沽口地区的全部建筑。气象灾害还同步引发了滑坡等地质灾害，对近岸的城市工程建设构成直接威胁。同时，随着人类对海洋开发的加剧，近海生态环境恶化，海水体污染灾害也频频发生。有关数据统计，2000—2009 年，我国近海共发生赤潮灾害 792 起，平均每年发生 79.2 起，发生数呈逐年上升的趋势。总之，处于海陆结合部的近海地区在各类灾害进程中总是首当其冲。

填海区域在进行规划设计时，必须考虑近海灾害以及特殊的海洋气候的影响，从城市安全的角度出发，积极构建近海防灾空间。整体层面上，填海区域需要"规划设计一定的纳潮消波空间"，在平面布局上利用合理的形态方式来促进波浪缓冲作用的发挥，以减小风暴潮对填海岸线的破坏。具体层面上，一方面规划设计应当结合潮流的动力特性，疏导河流入口、海湾以及岸滩周边的水流过程，减少填海对其所造成的影响，保证水体流动过程及循环系统的完整，维系海水的自净能力，降低赤潮等灾害发生的可能；另一方面，填海区域的护岸应当结合防灾减灾的需求，合理设计布局。

此外，填海区域的洪涝灾害也必须考虑，必须设置通畅的泄洪渠道，尤其是对我国南方等洪水、暴雨多发的沿海区域。2012年，北京"7·21"特大暴雨引发山洪泥石流灾害，造成79人遇难，带来的经济损失不计其数。可以设想，假如特大暴雨发生在填海新形成的滨海新城，如排水措施不利，亦会造成较大的损失，给人民生产生活和生命财产带来巨大损害。暴雨、洪水等灾害对排水能力较强的首都尚且造成如此的损失，对于沿海区域在围填海造就大量沿海新城时更应切实考虑。2012年7月，辽宁锦州、葫芦岛等地也突降暴雨，洪水短期无法排入大海，造成铁路中断，农田被淹没，带来的经济损失不计其数。

针对洪涝灾害，在围填海工程进行施工设计时，应引入水循环理念，设置足够宽且水流通畅的水道，确保洪水可以及时流向海洋。

3.3.2　社会经济因素

围填海是人类开发利用海洋空间的最古老方式，通过围填形成陆域，大大拓展了人类生存和发展的空间，是当今海洋开发的重要途径。适度、合理的围填海可以增强沿海地区产业活力，孕育新的区域经济增长点，促进社会进步与人民物质生活文化水平的提高，增加就业和社会供给，为城市建设提供了功能机构优化，丰富了海岸线的景观多样性。

一定程度上，围填海的需求程度反映了区域经济的活跃程度，围填海的空间形态特征反映了区域经济机构和产业特点，因此沿海经济社会的发展反过来对围填海平面设计的空间形态产生影响。而围填海区域的平面形态发生变化，将直接影响到水系设置方案的变化。

1. 填海区功能用途的影响

按照围填海的主要用途，可将其分为三类：一是交通运输；二是临海工业；三是城镇建设，此外还有用于农渔业的围垦，我们在此不做研究。对于主要的三类围填海工程，其在用海上具有不同的特征，表现在用海方式、平面形态、水系设置、工程选址等方面，表3-1对这些不同特征进行了总结。从表中可以看出，对于不同的海域用途，在进行平面设计和水系设置时需做不同的考虑。

表 3-1　实现不同城市功能的围填海工程平面设计主要考虑因素

序号	实现的主要功能		案例	平面设计的考虑
1	交通运输	以货物、客流运输为核心目的，实现城市发展中交通运输的功能	大部分港口；日本京东机场	填海单元与城市交通的连接；人工岛式的填海要综合考虑桥梁、隧道等交通设施的组织设计；泊位港池位置与航线的设计
2	安全	为防范部分近岸区域的自然灾害和非自然灾害而进行的围填海，保障公共安全	风暴潮多发区的防灾工程；消防、人防工程	一定宽度和面积的水系，保证行洪安全；人工岸线的安全性
3	政治经济	工业园区，吸纳就业，产业经济收益，政治目的等	临海工业园区	各功能区块的平面布置，实现用海效率和收益的最大化
4	文化	为凸显、传承城市的文化特质，实现城市的文化功能	阿联酋的迪拜棕榈岛；卡塔尔珍珠岛；蓬莱西海岸工程	曲折环抱型岸线设计；以文化特质为核心的平面设计
5	亲海	以营造公共亲海空间为目的，实现城市的亲海功能	青岛滨海步行道；大连星海广场	最大限度营造亲水岸线；设置一定宽度并循环通畅的景观水系；注重不同观景点的天际线设计

2. 滨海城市发展及海域功能定位

《全国海洋功能区划（2011—2020 年）》将"陆海统筹"作为海洋功能区划的一项重要原则。围填海作为城市用地的有力补充，是城市空间的拓展，也是城市功能结构的延伸。因此，对于围填海的规划和设计，不仅仅是海域功能用途符合的问题，还应纳入城市整体发展的范畴，充分考虑与城乡规划等有关规划的衔接，保证围填海的规范性、整体性和一致性。所谓规范性是指，围填海工程要符合海洋功能区划及相关规划，严格按照有关管理要求申请、施工；所谓整体性是指，对于集中连片开发的围填海，要尽可能地统一编制区域用海规划，以区域用海的整体对围填海的平面设计、水系设计等进行科学规划，保证不同用海区块间的功能协调，最大限度地提高海域集约化利用水平；所谓一致性是指，围填海工程的平面设计、水系设计等要与所在城市的发展定位及海区的功能定位相一致，开展符合当地发展方向的产业类型，营造符合海域海岸线功能品位的平面设计类型。

3. 海域等别

海域等别是依据海域自然条件、周边的经济社会发展水平综合划定的，社会经济发展水平高的区域，海域等别高，反之则等别较低，因此，海域的等别很大程度上反映了海域的收益水平和稀缺化程度，其关系的示意见图 3-1。

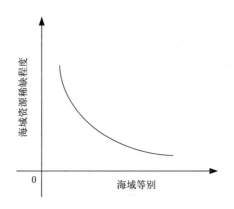

图 3-1　海域等别与海域稀缺性的关系示意

海域资源的稀缺性很大程度上影响着围填海工程的平面设计，海域等别高的区域，海域资源较稀缺，获取同等面积海域的用海成本相对较高，反之亦然。作为海洋主管部门，对稀缺且价值高的海域在功能区划的制订和用海审批中会慎之又慎，提高用海门槛，确保有限海域的综合价值收益最大化；作为用海者，用较高的成本获取海域使用权，势必会最大限度地集约化利用海域，千方百计地提高收益。因此，在海域等别高的海域，海洋主管部门和用海者在"集约用海"上"达成一致"，由此造成的结果是，高等别海域的围填海工程平面设计中会凸显用海集约、节约的理念，会尽可能少地占用岸线，尽可能多地营造人工岸线，尽可能高地提高建筑密度。

3.3.3　基于水循环的围填海平面设计初步建议

基于水循环的围填海平面设计建议见表 3-2。

表 3-2　基于水循环的围填海平面设计优化建议

影响因素	指标	影响机制	影响尺度		平面设计优化建议
			程度	排序	
规模	面积绝对规模	新形成的填海区域越大，人为改变的海域空间规模越大，海洋生态系统受到越多的改变，对海洋环境造成更多扰动因素，带来众多潜在风险	A	2	①填海面积的总规模应依据项目需求如实申请；②主管部门应加快制定单体项目用海面积控制指标；③在海域论证、环评中加强对总规模的审查
	粒度相对规模	指围填面积相对于所处海湾、河口等区域的面积比重。一般来说，海湾内的围填海如其粒度超过40%，会对海湾带来灾害性影响	A	1	①严格限制截弯取直的围填方式；②对于湾内的围填海，其面积不宜超过海湾面积的30%；③在功能区划等相关规划中，提出保护海湾的具体措施
位置	离岸距离	人工岛、突堤式的围填海对海洋环境影响较小已成共识。人工岛离岸太近难以起到"离岸"的实质作用，太远势必让填海成本成倍增加	B	7	①有关研究认为，为保护滨海湿地，填海区不宜在水深小于6米的浅海区围填，故离岸距离不宜小于6米等深线的宽度；②有研究认为，从技术经济角度考虑，填海应以5米以浅、2米以内最佳，超过10米较不适宜
	所在功能区	功能区划中，不同的功能区具有不同的海域自然属性改变承受范围。围填海为完全改变海域属性的用海方式，同时对周边用海具有较强的影响，完全排他	C	11	对于除工业城镇用海区外的围填海，要严格论证。①对于非必须占用海域的项目应禁止；②必须占用海域的应限制规模，且采用其他对用海影响小的平面设计方案
	所处地理单元	海岸具有砂质、淤泥质、基岩等多种类型，不同的海岸具有各异的海洋地质特征和环境敏感要素，不当的围填海往往会加剧区域单元的淤泥、侵蚀或污染，甚至可能成倍地加剧潜在灾害风险	A	4	①砂质、基岩岸段，应鼓励采用人工岛、突堤式的围填海，平面设计时特别注意海水的侵蚀，做好防波减灾等措施；②淤泥质岸段，应注意对湿地的保护和淤积，可采用水系循环的围填海方案

影响因素	指标	影响机制	影响尺度 程度	影响尺度 排序	平面设计优化建议
形态	摆放角度	围填海平面形态多数不对称，在尺度上纵向和横向不尽相同；对于设置了水系的围填海，将水系入口和出口分别布置在不同的方向会带来不同效果	C	10	①狭长海湾的围填海，摆放角度应与海湾走向一致；②围填区域最为扁窄的一侧应朝向海流主流来向；③设置水系的围填海，水系进水口应朝向潮汐潮流来向；④朝向潮流一侧的海岸线应根据当地水文特征设置一定的防波堤、缓冲区等，降低潜在的灾害
	形状	在潮汐潮流作用下，不同形状的围填方案会带来不同的水动力扰动，同时水动力对其造成的日复一日的冲刷、侵蚀力度也各有不同。一般情况下，越是棱角分明的几何形状，相互间的环境影响越显著	B	6	①港口、修造船等用海可设置平直的岸线；②旅游、城镇建设等公用海域，多设置平滑、自然形态的岸线；③人工岛应尽量设置成有机形和自然型；④围填区域的水系设置，应尽量模仿自然河流的形态
	组合方式	围填海的平面形态可以分为整体式和多区块组合式。多区块组合式比整体式的围填更科学，对环境影响更小，形成更多岸线。对于多区块组合式，又有多种组合方式，不同的方式具有不同的特点	A	3	①放射式、串联式及并联式的填海组合方式比散布式具有更加明确的交通向导性；②组合方式的选择应根据海域用途、自然条件、社会条件等综合确定
功能	围填用途	围填形成的土地可以进行城镇建设、工业生产、旅游等，不同用途下的围填海对环境具有不同的影响程度。一般旅游类影响较小，城镇建设次之，工业生产影响最严重	B	8	①对于城镇和旅游用海，应控制建筑高度和密度，保证海陆间的空气交换，形成优美的天际线；②工业用围填海，严格占用岸线，确保岸线的利用效率
	功能布局	围填海平面设计中的主要内容就是将各功能区块有机摆放、组合，形成"1+1>2"的效果。海岸线属稀缺资源，必须将围填海的功能进行科学布局，才能发挥海域的资源价值，提升整体围填方案的科学性	A	5	①非必须占用岸线的功能区块应布置在近陆一侧，必须占用岸线的功能区块，优先摆放在近海一侧；②近海一侧的，非必须占用海域的功能单元，应退让一定距离，提高亲水性和后续开发的可能性
	排污口设置	指围填海区域的污染物入海通道。研究表明，不同位置和数量的排污口对周边海洋环境的影响程度差异非常大。排污口设置主要受潮汐潮流影响	B	9	排污口设置在海流较强的区域，其位置应尽量保证污染物随海流趋向远海，远离近岸和围填区域

第4章　围填海平面设计评价的理论基础及方法

4.1　围填海平面设计评价的基础理论

本章探讨围填海工程平面形态的评价，是基于海洋学、景观生态学以及城市规划等视角和可持续发展的理念，借助海洋、环境、生态等相关方面的学科知识来进行的，因而在理论基础上既包含城市规划相关理论，也有海洋工程相关的基础理论，还包括进行研究体系搭建与论证所需要的研究方法理论等。其中，已为业内人士所熟知的城市规划基本理论在此不做赘述。本章仅就对于围填海规划以及围填海区域平面形态评价具有重要理论支撑和指导的内容进行介绍。

4.1.1　可持续发展（Sustainable Development）理论

可持续发展理念于 1972 年在斯德哥尔摩举行的联合国人类环境研讨会上正式被提出并予以讨论。而后在 1987 年，《我们共同的未来》（Our Common Future）报告中将可持续发展定义为："既能满足当代人的需要，又不对后代人满足其需要的能力构成危害的发展。"至此，可持续发展理念被广泛地接受并被各国所应用，成为现代城市建设和经济发展的重要战略。可持续发展包含了三个主要方面，即生态的可持续发展、经济的可持续发展以及社会的可持续发展。从字面上理解，可持续发展是"促进发展并保证其成为可持续性""发展是其核心"。狭义上看，填海造陆可以增加城市的土地资源，进而带动城市的经济增长，是发展的体现，但要实现可持续发展，还要就如何保证其可持续性而进行进一步的分析和讨论。由于可持续发展来源于生态和资源利用，因而其实现的最基本条件是既要保持自然资源总量存量的不变或比现有的水平更高，也要保持自然规律的基本演进过程，因此生态的可持续是填海规划的首要目标。经济和社会的可持续性是生态可持续性在经济和社会学范畴内的引申和推广，随着城市的快速发展和人类社会文明的进步，经济与社会的可持续性成为了环境资源可持续利用的一个保障，三者的互动关系使得其在现代城市发展建设中缺一不可，所以填海规划还要从生态和资源利用两个方面着手，分析经济与社会的可持续性实现途径。

《21世纪议程》是实践可持续发展的重要参照，结合其重要内容，填海规划应当从自然保护、生态改良、生物多样性保护、探求资源和能源的永续利用、提高资源能源的利用率、推行清洁生产、推行环境标志、采用经济手段增加环保投入并适当控制城市化进程、城市扩张规模以及人口增长等方面来进行合理编制，正确指导规划实施。

4.1.2　生态城市理论

1969年，宾夕法尼亚大学教授 Ian Lennox McHarg 在其著作《设计结合自然》（Design with Nature）中首次将生态学与城市设计结合起来，认为城市规划不应当把重点放在设计上，也不应当单纯关注自然本身，而是要将二者结合起来。他强调的原则包括生态系统不能无限地承受人类活动的压力，并且某些对人类活动十分敏感的生态系统会对整个生态系统产生影响。之后，有关生态城市的研究逐渐升温，O. Yanitsky 将生态城市定义为"一种理想的城市模式，技术与自然充分融合，物质、能量、信息高效利用，生态良性循环的一种理想栖境"。1984年，联合国报告也提出了生态城市的五项原则，即"生态保护战略、生态基础设施、居民的生活标准、文化历史的保护以及将自然融入城市"。

如今，生态城市的理念已经成为了城市发展建设的重要指导和目标，并形成了专门的规划内容，即城市生态规划，是"综合运用生态学的基本原理，建设和管理城市，提高资源利用效率，改善系统关系，增加城市活力"，并促进社会经济可持续发展的一种区域发展规划方法。在城市建设，尤其是新的城市空间拓展进程中，应当科学地认识城市生态的重要作用，倡导紧凑、高质量的建设，满足功能复合要求，并力争城市与自然环境的协调与配合。填海工程本身是利用自然环境和资源进行的人类活动，其行为本身是与生态环境直接作用，同时填海工程发生的近海地区又是生态高度敏感地区，按照 Ian Lennox McHarg 的理论，这一区域的生态改变会产生很大的关联效应，对整个生态系统产生影响。因此，填海规划，无论是前期进行的平面形态设计还是之后的新填陆域空间设计，都应当将生态要素纳入到设计的关注范围之中，严谨分析，慎重判断，科学决策，保证填海规划实现生态环境的最优化和生态效益的最大化。

4.1.3　城市空间扩展理论

城市空间的扩展是城市建设和成长的必然表现。随着城市经济的发展、产业规模和资源利用的不断扩大以及地域产业分工协作和竞争的加剧，城市对土地的需求不断增加。同时，城市人口的大量聚集也使得借助空间扩展而实现的人居环境优化需求日渐明显。于是城市在经济发展为根本动力的趋势下，借助城市建设技术的成熟、道路交通方式的不断进步以及各类宏观经济政策的驱使来对空间进行扩展。这种空间上的扩展"不仅表现在城市的地域范围上，还包括城市的经济空间、文化空间以及生态空间等"。要在城市规划中对城市的空间扩展做出正确的判断和决策，应当在全面分析城市发展动因的基础上理清空间扩展规律。一方面，将城市空间演变过程比对既有的城市空间扩展方式（带状扩展方式、网状扩展方式、飞地扩展方式等，见图 4-1），找到共性及特异，选择科学合理的空间扩展模式，实现城市的良性可持续发展；另一方面，"城市空间上的变动伴随着城市功能结构的调整"，因此分析空间扩展规律要综合判断城市的职能演变趋势和结构特征，提高空间扩展的针对性与实用性。

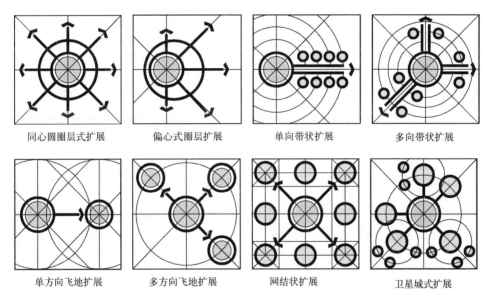

图 4-1　城市空间扩展模式

图片来源：参考张汉的《城市空间结构扩展的理论与实践模式》及陈玉光的《城市空间扩展方式研究》

从理论上讲，自然环境会从城市发展潜力、用地环境容量以及城市空间结构等方面对城市的空间扩展形成制约，但填海造陆却打破了这一制约条件，从某种程度上讲是一种背离城市健康发展规律的行为。但上文提到，经济因素是城市空间扩展的根本动因，在城市发展的迫切需求下，填海行为有其发生的必要性。尽管如此，作为城市水平方向上空间扩展的一个表现，填海造陆也要遵循城市空间扩展的基本规律，满足城市空间的发展要求。进行填海规划，特别是平面形态布局时，要利用空间扩展理论对填海区域的位置属性和空间形态做出判断，使得填海区域有机地与城市空间结合，发挥其应有的空间载体职能。

4.1.4　系统工程(Systems Engineering)理论

钱学森曾指出"系统工程是组织管理系统的规划、研究、设计、制造、试验和使用的科学方法,是一种对所有系统都具有普遍意义的方法"。作为实现系统最优化的科学,系统工程学可以针对较为复杂的研究系统,使之按照一定的目的或者理念进行设计、开发与管理组织工作,并达到总体的最优的理论与方法。本书所研究的填海区域平面形态及布局涉及填海用地的规模、形状、组合方式、功能设置等基本构成要素,而每一个要素又会受到生态防护系统构建、道路连接与交通组织、海岸防灾与近海气候、海洋水动力环境以及操作成本权衡等多个方面的影响,彼此之间的相互作用直接关系到设计的理论和方法,是一项复杂的系统,因而需要用系统工程的理论加以组织和梳理,建立影响因素和作用因子的科学体系,逐步完成每个环节的分析。

系统工程对于本研究具有重要指导意义,主要体现在:①系统工程强调整体架构优先,以整体结构设计带动子系统的详细设计,这样有利于实现系统整体的最优化;②系统工程讲究社会、经济效益与生态效益相结合,不仅关注眼前利益,也对长远利益予以考虑,这符合可持续发展的基本理念;③系统工程将系统中涉及的问题相关的学科领域同步纳入到研究范围之中,集成不同学科的理论方法,择优取之,形成了全面而科学的支撑体系,对于填海造陆这一涉及众多学科的工程来说,该方法是最具实用价值的方法;④系统科学强调多方案的比较论证,这对规划设计而言是最佳的工作程序,也能进一步提高方法的适用性。

4.1.5　决策理论

决策是理性的人普遍从事的一种活动,也是极其重要的制胜方法。决策的核心问题是对未来活动的多个目标和方案做出合理判断,用以寻求合适的行动方案。决策一词源远流长,但是作为一个专门的领域对其进行研究,还只是近一个世纪的事情。1966年的第四届国际运筹学会议中,Howard发表了题为《决策分析:应用决策理论》的文章,首次提出决策分析(Decision Analysis)的概念。此后决策分析研究得到了越来越广泛的应用,决策分析逐渐成为了决策科学研究的代名词。决策分析在理论基础及研究方法上包含了概率统计、规划、优化和行为科学等领域的知识。决策分析包括单目标决策及多目标决策,其中多目标决策(Multiple Objective Decision Making, MODM)是工程或管理中普遍存在的决策问题,核心是对将要进行的活动的多个可能目标以及方案做出科学的选择,用以找到最满意的执行方案。

决策理论对于围填海平面形态评价研究的意义在于,以数理统计和概率为基础，以高等数学为工具，大范围地收集和处理信息，同时考虑人的心理和外在环境等应变因素，把各类因素统一起来做定量分析，以电子计算机作为辅助手段，研究决策的性质、规律、模型和方法，来寻求整体的最优解或满意解。

4.1.6 模糊集理论

模糊理论（Fuzzy Logic）是美国加州大学伯克利分校电气工程系的 L. A. Zadeh 教授于 1965 年创立的模糊集合理论的数学基础上发展起来的，主要包括模糊集合理论、模糊逻辑、模糊推理和模糊控制等方面的内容。早在 20 世纪 20 年代，著名的哲学家和数学家 B. Russell 就写出了有关"含糊性"的论文。他认为所有的自然语言均是模糊的，比如"红的"和"老的"等概念没有明确的内涵和外延，因而是不明确的和模糊的。可是，在特定的环境中，人们用这些概念来描述某个具体对象时却又能心领神会，很少引起误解和歧义。L. A. Zadeh 教授在 1965 年首次提出了表达事物模糊性的重要概念——隶属函数，从而突破了 19 世纪末康托尔的经典集合理论，奠定了模糊理论的基础。1966 年，P. N. Marinos 发表了模糊逻辑的研究报告，1974 年，L. A. Zadeh 发表模糊推理的研究报告，从此，模糊理论成了一个热门的课题。1974 年，英国的 E. H. Mamdani 首次用模糊逻辑和模糊推理实现了世界上第一个实验性的蒸汽机控制，并取得了比传统的直接数字控制算法更好的效果，从而宣告模糊控制的诞生。

在围填海平面形态评价指标的研究中就包含很多具有"模糊性"的评价概念，对于这些定性指标的确定和赋值，模糊集理论无疑具有重要的指导意义。

4.2 围填海平面设计评价原则

围填海工程的水系设置应建立在填海区域安全、生态、高效和美观的基础上。水系设置是围填海平面设计中的重要内容之一，在水系设置时，需要多个学科领域共同参与，涉及城市规划、海洋水文、海洋生态、景观、环境工程、经济管理等多个方面。在进行围填海工程的水系设置时，应遵循以下三个原则。

1. 尊重自然、保护生态，水体交换通畅

尊重自然是人类在生产生活活动中理应遵循的重要原则，围填海工程本身是对海域自然状态的一种人为改变，在短时间内将较小尺度上的海域全部变为陆域，完全改变了海域自然属性，同时影响了周边海岸的自然格局，势必对生态系统造成一定影响。

在围填海工程中设置一定数量的水系，本身便是减小围填海环境影响的一种做法。有关研究表明，围填海工程中设置的水系应尽量建设成仿自然的形态格局，设置一定的宽度和曲折度，在曲折处留有一定的弧度，这样可以较大程度地减小填海工程对生态环境的影响。此外，为发挥围填海工程中水系的作用，应确保该水系为"活水"，既要保证水系的可循环性，循环的水体可以保证区域的海水质量，疏导填海工程造成的水文环境扰动(图4-2)。

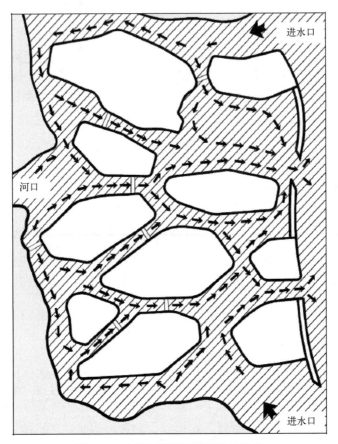

图4-2　水循环围填海平面设计示意

循环的水道网络将填海区按照不同功能"分割"，带走各区块排出的污染物，海洋、陆地、河流有机地联系在了一起(图片来源：参考王新风的《耦合水体流动循环系统的围海造陆区域规划理论与应用研究》)

2. 集约节约、延长岸线，增加亲水岸线，提高海域利用效率

填海是一种大型的海洋工程，不仅投入高，而且占用了大量的海洋资源和土石方，在平面设计中要坚持紧凑布局、节约高效的原则，减小空间资源浪费。岸线资源是一切海洋工程和海洋产业赖以生存的生命线，为最大限度发挥海洋空间资源价值，要尽量增加人工岸线的曲折度，坚持延长岸线长度，优化岸线功能，提升岸线利用效率。

水网交割、水道往复的水系设置无形中将岸线引入围填海工程内部，为最大限度地高效利用海域资源提供了可能。对于围填海工程内部有水系通过造就的岸线，可以布置功能性的用海项目，也可以营造形成一定规模的亲水空间带，将海岸引入千家万户。

3. 优化资源、提升品位，高起点，统筹未来发展

岸线也是重要的城市景观资源，在围填海工程的设计中需要通过平面形态的优化来提升景观效果，营造人与海亲近的环境和条件。在海域、海岸线景观资源开发利用和平面形态设计上，凸显的景观主题要与区域城市定位和需求相一致，不同城市、不同区域具有不同的历史变革，产生不同的历史文化，因而具备各自的景观品格。因此，岸线景观设计在全国范围内要通过参差不同体现景观丰富，某一区位岸线景观要通过总体相似体现景观一致性。

此外，围填海工程的平面设计要站在高起点，统筹好未来发展。这是因为，一般的围填海工程往往需要几年的时间完成，在规划编制和平面设计时所面临的形势与工程完工时会有较大差异，特别是考虑到当前我国经济社会正面临巨大发展和变革，因此，有必要用"变化和发展"的眼光来看待围填海工程的定位和功能，对应的平面设计既要着眼当前城市建设需要，又要统筹兼顾未来海洋空间发展要求。

4.3　多指标评价的主要方法

采用多指标对一组被评对象进行分析评价，由于各指标在不同被评对象下的变动方向和幅度不尽相同，就涉及综合评价问题。多指标评价的方法一般包括：平均法、距离法、模糊评价法、灰色关联度法、聚类分析法、主成分分析、因子分析、判别分析、数据包络分析法等。运用不同的评价方法对一组被评对象进行评价对比，其结论常常不同，于是产生了综合评价方法的比较和优选问题。

本研究认为，运用多个指标评价的最终目的是对一组被评对象进行等级排序，以便分出优劣，于是，评价方法的合理性取决于运用该方法对被评对象进行等级排序的合理性。鉴于此，首先要建立合理等级排序的依据，其次根据各综合评价方法所做的等级排序与合理等级排序的"差距"或"相关度"来进行综合评价方法的优选。由于选用不同的综合评价方法实际上是从不同的角度对被评对象进行的等级排序，显然任何一种评价方法所做的等级排序，其结果都很难使人信服。综合评价合理的等级排序需要综合考虑各评价方法对被评对象所做的等级排序。笔者认为，可用不同评价方法所做的等级排序号之和作为合理等级排序的依据。下面将对主要的几种多指标评价方法分别进行研究分析。

4.3.1 层次分析加权法

层次分析加权法是将评价目标分为若干层次和若干指标，依照不同权重进行综合评价的方法。具体方法和步骤为：根据分析系统中各因素之间的关系，确定层次结构，建立目标树图→建立两两比较的判断矩阵→确定相对权重→计算子目标权重→检验权重的一致性→计算各指标的组合权重→计算综合指数和排序。

该方法通过建立目标树，可计算出合理的组合权重，最终得出综合指数，使评价直观可靠。采用三标度(-1，0，1)矩阵的方法对常规的层次分析加权法进行改进，通过相应两两指标的比较，建立比较矩阵，计算最优传递矩阵，确定一致矩阵(即判断矩阵)。该方法自然满足一致性要求，不需要进行一致性检验，与其他标度相比，具有良好的判断传递性和标度值的合理性；其所需判断信息简单、直观，做出的判断精确，有利于决策者在两两比较判断中提高准确性。

4.3.2 距离法

从几何角度看，每个评价对象都是由反映它的多个指标值在高维空间上的一个点，综合评价问题就变成了对这些点进行排序和评价。首先在空间确定出参考点，如最优点和最劣点，其次计算各评价对象与参考点的距离，与最优点越近越好，与最劣点越近越差。这就是距离综合评价法的基本思路。

该方法直观、易懂、计算简便，可以直接用原始数据进行计算，避免因其他运算而引起的信息损失。该法考虑了各评价对象在全体评价对象中的位置，避免了各被评价对象之间因差距较小，不易排序的困难。

距离法的步骤一般为：确定评价矩阵和指标权重向量→指标同向化→构建规范化评价矩阵→构建加权规范化评价矩阵→确定理想样本和负理想样本→计算每个评价对象与理想样本和负理想样本的距离→计算评价对象与最优样本相对接近度→排序。

4.3.3 主成分分析法

该方法是将多个指标转化为少数几个综合指标，而保持原指标大量信息的一种统计方法。其计算步骤简述如下。

对原始数据进行标准化变换并求相关系数矩阵 $R_{m \times n}$→求出 R 的特征根 λ_i 及相应的标准正交化特征向量 a_i→计算特征根 λ_i 的信息贡献率，确定主成分的个数→将经过标准化后的样本指标值代入主成分，计算每个样本的主成分得分。

应用该方法时，当指标数越多，且各指标间相关程度越密切，即相应的主成分个数越少，该方法越优越；对于定性指标，应先进行定量化；当指标数较少时，可适当增加主成分个数，以提高分析精度。采用主成分分析法进行综合评价具有全面性、可比性、合理性、可行性等优点，但是也存在一些问题：如果对多个主成分进行加权综合，会降低评价函数区分的有效度，且该方法易受指标间的信息重叠的影响。

4.3.4　TOPSIS 法

TOPSIS（Technique for Order Preference by Similiarity to an Ideal Solution）法是基于归一化后的原始数据矩阵，找出有限方案中的最优方案和最劣方案，然后获得某一方案与最优方案和最劣方案间的距离（用差的平方和的平方根值表示），从而得出该方案与最优方案的接近程度，并以此作为评价各方案优劣的依据。其具体方法和步骤如下。

评价指标的确定→将指标进行同趋势变换，建立矩阵→归一化后的数据矩阵→确定最优值和最劣值，构成最优值和最劣值向量→计算各评价单元指标与最优值的相对接近程度→排序。

指标进行同趋势的变换的方法：根据专业知识，使各指标转化为"高优"，转化方法有倒数法（多用于绝对数指标）和差值法（多用于相对数指标）。但是该方法的权重受迭代法的影响，同时由于其对中性指标的转化尚无确定的方法，致使综合评价的最终结果不是很准确。

4.3.5　模糊评价法

有些评价问题一般只能用模糊语言来描述。例如，评价者根据他们的判断对某些问题只能做出"大、中、小""高、中、低""优、良、劣""好、较好、一般、较差、差"等程度的模糊评价。在此基础上，通过模糊数学提供的方法进行运算，就能得出定量的综合评价结果，从而为正确决策提供依据。

1965 年，L. A. Zadeh 根据科学技术发展的客观需要，经过多年的潜心研究，发表了一篇题为《模糊集合》的重要论文，第一次成功地运用精确的数学方法描述了模糊概念，在精确的经典数学与充满了模糊性的现实世界之间架起了一座桥梁，从而宣告了模糊数学的诞生。从此，模糊现象进入了人类科学研究的领域。

模糊综合评判是以模糊数学为基础，应用模糊关系合成的原理，将一些边界不清，不易定量的因素定量化，从而进行综合评价的一种方法。

第 5 章　围填海平面设计评价
指标体系的建立

5.1　围填海平面设计评价指标体系建立的方法和原则

从某种意义上讲，填海面积越大，对海洋环境造成的扰动越明显。在填海面积相当的情况下，填海的环境影响往往受位置的影响最大。在面积和位置基本确定的前提下，填海区的形状和摆放角度会呈现出对海洋环境不同的影响程度。因此，在特定区域，如不考虑施工方式、后续污染物排放、景观效果等，可将围填海平面设计的环境影响分为三个模块，分别为围填海尺度影响模块、围填海位置影响模块和围填海空间形态影响模块，用公式可作如下表述。

$$\Delta E = \alpha A(a,\ \mu_i) + \beta P(x,\ y) + \chi S(s_i) \tag{5-1}$$

其中，ΔE 为环境扰动；α 为围填海面积尺度环境影响系数；$A(a,\ \mu_i)$ 为围填海面积的环境影响；β 为围填海位置环境影响系数；$P(x,\ y)$ 为围填海位置的环境影响；χ 为围填海空间形态环境影响系数；$S(s_i)$ 为围填海空间形态的环境影响。

基于式(5-1)，在对围填海工程的平面设计进行分析和评价时，可以从位置、规模和形态三个方面入手，分别进行研究和评价，再进行综合，即可得围填海平面设计的评价方法。

按照围填海平面设计的主要内容及其对海洋环境影响的表现形式，对大型围填海工程平面设计的评价分为三个方面，分别是围填海选址评价、围填海规模评价和围填海平面形态评价。本章对于这三个方面的评价将分别建立一套评价指标体系，应用该指标体系，可以实现对任意大型围填海工程的选址、集约型和平面形态科学性的评价；同时，本章也将对这三个方面的评价进行综合，利用德尔菲法等方法形成围填海平面设计的评价方法体系。

在对围填海平面设计评价指标的选取和设定中，采用定量筛选的方法，对围填海选址评价有关研究中的多个指标进行归一化处理，确定原始指标，通过频度分析确定初始指标，通过分析初选指标相关系数，建立相关系数矩阵，进行相关性分析，确定最终指标。围填海选址评价指标设置和筛选的流程见图 5-1。

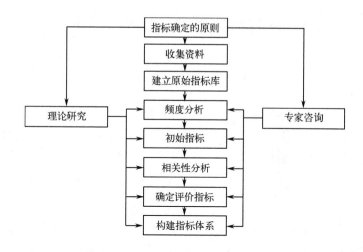

图 5-1　围填海选址评价指标筛选程序

本章评价方法的确立遵循以下原则。

（1）保护海洋生态环境优先。围填海是人类改造海洋的活动，必须遵循自然的内在规律，统筹人与自然的和谐发展，注重人与自然、生态、环境和社会之间的相互协调。

（2）海陆统筹。围填海既是一种用海方式，又是一种用海目的。围填海形成的土地作为陆域进行开发和建设，必须将围填海的开发和陆域的开发进行有效衔接。围填海的选址必须综合考虑到陆域排污和海洋环境的承载能力。

（3）以满足实际经济社会需求为导向。围填海彻底改变了海域的自然属性，一旦开展将永久改变所在区域的海陆空间格局，难以恢复。因此，围填海必须在最需要的区域布置，争取形成最大的经济价值和填海综合效益。

（4）综合性原则。在确定围填海选址评价指标时应注意全面性、代表性和普适性。

本章具体指标设计和选择按照以下思路进行。

（1）反映围填海工程科学化平面设计的指导思想，内部逻辑清晰、合理。

（2）注重单项指标在指标体系中的指示作用。

（3）指标选取应注重可行性、可操作性及相对完备性，尽量减少指标之间代表意义的交叉涵盖。

（4）含义简捷，较易于获取，代表的信息量大。

（5）由于围填海平面设计方法具有动态性，指标要有弹性，能适应一定的变化。

5.2　围填海选址评价指标体系建立

5.2.1　围填海选址评价指标建立的思路

填海选址评价的基本原理是，在一定围填海工程技术水平和海域资源管理要求条件下，通过分析填海项目与所在区域的经济、社会、自然环境、海洋灾害及海洋管理要求等各方面的符合程度，综合评价围填海项目选址的适宜性。因此选址的评价就是对围填海工程区位是否适宜进行围填海以及适宜程度等做出综合判断。

本章对填海选址评价的思路是，首先，在现有研究成果的基础上，根据围填海平面设计评价的需要，综合遴选评价指标，建立填海选址评价指标体系；采用专家咨询、综合分析确定评价指标，采用定量分析的方法确定指标权重。其次，考虑到与规模评价和形态评价的关系，为保证各部分评价间的独行性，尽量减少各部分评价间的交叉关系，填海选址评价从宏观和微观两个视角分别进行，宏观视角以填海项目所在地级市为评价单元，研究分析在全国沿海城市中该单元的自然、经济、社会方面是否具有开展填海项目的必要性、可行性等；微观视角以填海项目所在具体区位为评价单元，具体为该填海项目海域使用论证的论证范围（大型围填海工程需开展一级海域使用论证，按照论证的导则要求，论证范围以项目用海外缘线为起点，外扩 15 千米）。同时，本章的评价不考虑填海的规模和填海的形状等对选址造成的影响。

根据以上思路，如设定某填海项目选址评价的结果为 A，则

$$A = (A_1 + A_2)/2 \qquad\qquad (5-2)$$

其中，A_1 为宏观选址评价结果；A_2 为微观选址评价结果。

5.2.2　围填海选址宏观评价指标体系

研究认为，填海活动是沿海经济社会发展到一定程度的客观需要，向海要陆、临海而居是世界沿海国家的发展趋势。近 30 年来世界进入大规模开发利用海洋的新时期，目前，全世界 3/4 的大城市、70% 的工业资本及 70% 的人口都集中在距海岸 100 千米左右的沿海地带，世界上最发达的大都市圈、经济带都分布在沿海区域，中国的经济发达地区也分布在沿海地区。随着人才、资金、技术、市场等先进生产要素向海聚集，人类经济活动的趋海性不断增强，对海洋资源需求也在不断增加。

宏观选址评价指标主要考虑沿海城市对填海需求的迫切程度、匹配程度。通

过筛选，遴选出可以反映填海项目所在沿海城市进行填海适宜程度的有关指标因子，这些评价指标应内涵丰富、准确、易于量化且相对独立。经独立分析、主成分分析并咨询有关领域专家，宏观评价最终确定了 9 个指标，分别为：海陆面积比、人口密度、海上交通区位条件、人均国内生产总值、海岸线稀缺度、单位岸线国内生产总值、亲海期望、相应产业增长率、区域海洋灾害。各指标含义见表5-1。

表 5-1　宏观选址评价指标及含义

序号	指标	指标代码	含义	备注
1	海陆面积比	A_{11}	海域和陆地面积比值	比例越高，越适宜填海
2	人口密度	A_{12}	单位陆域承载的人口数	人口密度越大，对填海需求越大
3	海上交通区位条件	A_{13}	拥有的港口数量和规模	交通条件越便利，越适宜开展填海
4	人均国内生产总值	A_{14}	沿海人均国民经济生产总值	人均国内生产总值和社会财富越高，对向海而居的需求越强烈
5	海岸线稀缺度	A_{15}	人均海岸线长度的倒数	人均岸线越短，对通过填海营造海洋生态空间的需求越迫切
6	单位岸线国内生产总值	A_{16}	单位岸线承载的国民经济生产总值	单位岸线生产力越高，填海发展越合理
7	亲海期望	A_{17}	城市中心区到海洋的距离	距离越远，填海造陆、沿海城镇化的需求越大
8	相应产业增长率	A_{18}	填海项目要发展的产业总体发展情况	相应工业越发达，建设用地需求越大
9	区域海洋灾害	A_{19}	风暴潮和海平面上升风险等级	灾害风险越大，越不适宜围填海

1. 各指标的量化与计算方法

各指标首先分别按照下式进行量化。

①海陆面积比指标。

$$A_{11} = S_1/S_2 \tag{5-3}$$

其中，A_{11} 为填海项目所在沿海地市海陆面积比值，S_1 为项目所在地市陆域面积、S_2 为项目所在地市管辖海域面积。

②人口密度指标。

$$A_{12} = P/S_1 \tag{5-4}$$

其中，A_{12} 为填海项目所在沿海地市人口密度，S_1 为项目所在地市陆域面积，

P 为项目所在地市常住人口数。

③海上交通区位条件指标。

$$A_{13} = \sum_{i=1}^{n} Q_i \qquad (5-5)$$

其中，A_{13} 为填海项目所在沿海地市海上交通区位条件，n 为项目所在地市港口数量，Q_i 为项目所在地市港口年吞吐量。

④人均国内生产总值指标。

$$A_{14} = GDP/P \qquad (5-6)$$

其中，A_{14} 为填海项目所在沿海地市人均国内生产总值，GDP 为项目所在地市规划填海年份的地区生产总值，P 为项目所在地市常住人口数。

⑤海岸线稀缺度指标。

$$A_{15} = P/L \qquad (5-7)$$

其中，A_{15} 为填海项目所在沿海地市人均大陆岸线长度的倒数，L 为项目所在地市管辖海域大陆岸线长度，P 为项目所在地市常住人口数。

⑥单位岸线国内生产总值指标。

$$A_{16} = GDP/L \qquad (5-8)$$

其中，A_{16} 为填海项目所在沿海地市单位海岸线国内生产总值，GDP 为项目所在地市规划填海年份地区生产总值，L 为项目所在地市管辖海域大陆岸线长度。

⑦亲海期望指标。

$$A_{17} = D \qquad (5-9)$$

其中，D 为填海项目所在沿海地市城市中心到海岸线距离。城市聚集区距离海岸线越远，人们对于亲海的渴望越强烈，通过围填的方式营造滨海城镇、滨海人口聚集区等的需求也就越迫切。

⑧相应产业增长率指标。

$$A_{18} = r_i \qquad (5-10)$$

其中，r_i 为填海项目所在沿海地市与填海项目相对应的产业增加值，如填海项目为工业类，则取第二产业，如填海项目为金融服务等，则取第三产业，如填海项目包括各类产业，可将填海区块按照各类产业区分，取各产业增长率面积比例的平均数进行计算。

⑨区域海洋灾害指标。

填海区域在进行规划设计时，必须考虑区域海洋灾害影响，从宏观尺度来看，主要考虑风暴潮和海平面上升的影响。

$$A_{19} = R_1 + R_2 \qquad (5-11)$$

其中，R_1 为沿海地区风暴潮风险等级，R_2 为沿海地区海平面上升风险等级。R_1、R_2 可以从国家海洋局对沿海海洋灾害风险管理公报等有关文件中获得。

2. 各指标评价等级及分值确定

将围填海工程宏观选址的适宜条件分为 4 个等级，分别用 3、2、1、0 表示，其中，3 表示比较适宜，2 表示适宜，1 表示比较不适宜或有条件适宜，0 表示不适宜。根据我国所有沿海城市的数据统计结果，对于每个指标的量化值进行概率分布统计，取每个指标统计值的前 40% 为等级 3 和等级 2，其中 50% 为等级 3；剩余 60% 为等级 1 和 0。

以海上交通区位条件指标为例，2013 年沿海所有城市的港口吞吐量数据从低到高情况见图 5-2。其中港口吞吐量每年大于 3 亿吨的在沿海 49 个城市中有 10 个，约占 20%，取其综合评价等级为 3，1 亿~3 亿吨的有 12 个城市，占 20%，取其综合评价等级为 2，0.5 亿~3 亿吨的有 13 个城市，取综合评价等级为 1，其余 14 个城市吞吐量均小于 0.5 亿吨，取综合评价等级为 0。

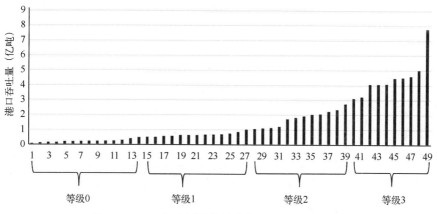

图 5-2　2013 年中国沿海城市港口吞吐量分级示意

数据来源：各城市统计公报

按照以上思路和方法，确定所有宏观评价指标的分等条件和综合评价等级情况见表 5-2。

表 5-2　围填海宏观选址评价指标分等条件和综合评价等级情况

序号	评价指标	分等条件	综合评价等级
1		大于 2	3
2	海陆面积比	1~2	2
3		0.2~1	1
4		小于 0.2	0

序号	评价指标	分等条件	综合评价等级
5	人口密度	大于1 000人/平方千米	3
6		600~1 000人/平方千米	2
7		300~600人/平方千米	1
8		小于300人/平方千米	0
9	海上交通区位条件	大于3亿吨/年	3
10		1亿~3亿吨/年	2
11		0.5亿~1亿吨/年	1
12		小于0.5亿吨/年	0
13	人均国内生产总值	大于8万元	3
14		5~8万元	2
15		3~5万元	1
16		小于3万元	0
17	海岸线稀缺度	大于50万人/千米	3
18		20万~50万人/千米	2
19		10万~20万人/千米	1
20		小于10万人/千米	0
21	单位岸线国内生产总值	大于30万元/千米	3
22		10万~30万元/千米	2
23		5万~10万元/千米	1
24		小于5万元/千米	0
25	亲海期望	大于50千米	3
26		30~50千米	2
27		10~30千米	1
28		小于10千米	0
29	相应产业增长率	大于10%	3
30		8%~10%	2
31		5%~8%	1
32		小于5%	0
33	区域海洋灾害	风险等级4	3
34		风险等级3	2
35		风险等级2	1
36		风险等级1	0

5.2.3　围填海选址微观评价指标体系

微观选址评价是指在填海项目大致区域确定后(本章指填海城市确定后),在更小尺度上确定的填海区域是否科学、适宜。通过筛选,遴选出 6 个可以反映填海项目所在区域进行填海适宜程度指标,分别为海洋水文条件、海洋环境容量、海岸地质类型、生态敏感程度、海洋功能区划符合性和周边开发利用现状。各指标含义见表 5-3。

表 5-3　填海选址微观评价指标体系

序号	指标	指标代码	含义
1	海洋水文条件	A_{21}	工程所在海域海流、波浪、水深等水文条件
2	海洋环境容量	A_{22}	工程所在海域海洋环境容量
3	海岸地质类型	A_{23}	工程所在海域海岸类型、海岸形态及海岸稳定性
4	生态敏感程度	A_{24}	工程所在海域的主要生态敏感目标
5	海洋功能区划符合性	A_{25}	工程与海洋功能区划符合程度
6	周边开发利用现状	A_{26}	工程与周边用海活动的协调程度

1. 海洋水文条件

海洋水文条件主要考虑填海区域现状水文环境是否适宜进行大型围填海工程,围填海工程是否稳定、可行。水文要素中流速、波高及水深对围填海工程的稳定性影响较大,流速、波高及水深越大,围填海工程稳定性越差。根据有关研究,当海流≤50 厘米/秒、波高≤1.2 米或者是水深≤10 米时[86],填海工程较为稳定(具体见表 5-4)。将围填海活动在海洋水文条件下的适宜性分为 4 个等级,分别赋值 3、2、1、0,其中 3 表示比较适宜,2 表示适宜,1 表示较不适宜,0 表示不适宜。需要说明的是,围填海工程选址时,并非要求三项水文要素均符合稳定的要求,还需要根据围填海工程的技术特点、成本考量等各方面因素进行综合考量。

$$A_{21} = (W_1 + W_2 + W_3)/3 \qquad (5-12)$$

其中,W_1 为海流评价分值,W_2 为波高评价分值,W_3 为水深评价分值。

表 5-4　海洋水文条件评价指标分值

序号	海洋水文要素	分类条件	评价分值
1		≤20 厘米/秒	3
2	海流	20~50 厘米/秒	2
3		50~80 厘米/秒	1
4		>80 厘米/秒	0

续表

序号	海洋水文要素	分类条件	评价分值
5		≤0.5 米	3
6	波高	0.5~1.2 米	2
7		1.2~2.2 米	1
8		>2.2 米	0
9		≤5 米	3
10	水深	5~10 米	2
11		10~15 米	1
12		>15 米	0

数据来源：参考王公伯等的《近海人工岛稳定评价方法体系的研究》。

2. 海洋环境容量

联合国海洋污染专家组在 1986 年发布报告《环境容量——防止海洋污染的一种途径》，该报告指出，环境容量是环境的一种属性，即在不造成环境无法承受的影响的前提下，环境所能容纳某种特定活动或活动速率的能力，比如单位时间内的排污量、倾废量或采矿量。可以将海域环境容量定义为——在一定的时间范围内，某特定海域在充分利用海洋的自净能力和不造成污染损害的前提下，该海域所能容纳的污染物质的最大负荷量。环境容量的大小可以作为该特定海域自净能力强弱的指标。本章所讨论的环境容量指标是一个通俗的概念，并不指具体污染物的精确容量值，而是指在填海所在海域海洋环境质量现状与管理要求之间的"余量"。现状海洋环境质量可根据海洋部门公报或实地调查取样获得，海洋环境质量要求依据该海域所在海洋功能区划的环境质量要求提取。

环境容量评价指标直接由海洋环境质量管控目标等级减去现状海洋环境质量等级获得，公式如下。

$$A_{22} = V_c - V_s + 1 \qquad (5-13)$$

其中，V_c 为海洋环境质量管控目标等级，V_s 为现状海洋环境质量等级。在表 5-5 中，4 表示环境容量充足，较适宜围填海，3 表示适宜围填海，2 表示适宜小规模围填海，1 表示虽然可进行小规模围填海，但应注意环境容量有限，0 表示不可进行围填海。

表5-5　海洋环境容量评价等级

现状海洋环境质量	海洋环境质量管控目标			
	I	II	III	IV
I	1	2	3	4
II	0	1	2	3
III	0	0	1	2
IV	0	0	0	1

3. 海岸地质类型

海岸的地质类型对围填海活动影响较大。海岸类型一般分为淤泥质海岸、砂质海岸、基岩海岸和生物海岸四类，其中，生物海岸最不适宜进行围填海开发，淤泥质海岸最适宜进行围填海开发。岸线形态也是填海用地海岸线选择的重要考虑条件[87]。海岸线的形态可以分为海湾型、平直型和岛屿型。海湾型岸线区域适宜开展较小规模离岸式围填海；平直型海岸适宜开展较大规模围填海；岛屿型岸线曲折、复杂，一般不适宜进行围填海开发。填海要求海岸带具有较好的稳定性。根据稳定性的由弱至强，可以将岸线分为强侵蚀岸、侵蚀岸、弱侵蚀岸、稳定岸和堆积岸[88]。稳定性弱的海岸线，由于侵蚀会使岸线变短，海水倒灌，不利于填海造地行为。在对围填海工程进行微观选址评价时，针对海岸上述三个方面的地质特征，将围填海的海岸地质情形分为 4 级，每级分值为 3、2、1、0。最适宜赋予分值为 3，最不适宜的为 0，采用德尔菲法，不同判定结论的评价分值见表 5-6。

$$A_{23} = (C_1 + C_2 + C_3)/3 \tag{5-14}$$

其中，C_1 为海岸类型分值，C_2 为海岸形态分值，C_3 为海岸稳定性分值。需要说明的是，当三者中有一项分值为 0 时，该项指标取 0。

表 5-6　海岸地质类型评价指标量化分值

序号	海岸特征	海岸特征	围填海适宜性	评价分值
1	海岸类型	淤泥质海岸	适宜大规模围填海	3
2	海岸类型	砂质海岸	适宜中小型围填海	2
3	海岸类型	基岩海岸	小型或不适宜	1
4	海岸类型	生物海岸	不适宜围填海	0
5	海岸形态	海湾型	适宜中小型、离岸式围填海	2
6	海岸形态	平直型	适宜大规模围填海	3
7	海岸形态	岛屿型	小型或不适宜	1
8	海岸稳定性	强侵蚀岸	不适宜围填海	0
9	海岸稳定性	侵蚀岸	小型或不适宜	1
10	海岸稳定性	弱侵蚀岸	适宜中小型围填海	2
11	海岸稳定性	稳定岸	适宜大规模围填海	3
12	海岸稳定性	堆积岸	适宜大规模围填海	3

4. 生态敏感程度

按照有关法律法规，围填海工程严禁在海洋保护区、珍惜濒危海洋生物保护区、重要生态湿地、种质资源保护区等海域布置，同时要尽量减少对海洋生态环境的影响。关于此项评价因子的量化，依据不同条件下评价因子对填海项目的影响程度，将评价因子分类条件划分为 3 级，评价分值为 2、1、0(表 5-7)。

$$A_{24} = \frac{\sum_{i}^{n} x_i}{n} \tag{5-15}$$

其中，n 为填海项目评价区域内的生态敏感要素数，x_i 为第 i 个生态敏感要素的评价分值。需要说明的是，当有一项 x_i 为 0 时，该指标自动取 0。

表 5-7　生态敏感程度评价指标分值

序号	主要敏感要素	分类条件	评价分值
1	海洋保护区	距实验区超过 5 000 米	2
		实验区	1
		核心区与缓冲区	0
2	名胜古迹、考古遗迹	大于 1 000 米	2
		500~1 000 米	1
		小于 500 米	0
3	重要海洋游泳生态产卵场、索饵场、越冬场、洄游通道、濒危海洋生物集中区以及海洋种质资源保护区	超过 3 000 米	2
		500~3000 米	1
		小于 500 米	0
4	重要湿地、河口	超过 2 000 米	2
		500~2 000 米	1
		小于 500 米	0
5	原生砂质海岸、风景优美基岩海岸、海湾	超过 1 000 米	2
		200~1 000 米	1
		小于 200 米	0

5. 海洋功能区划符合性

海洋功能区划制度是《中华人民共和国海域使用管理法》确立的一项基本制度，是根据海域区位、自然资源、环境条件和开发利用需求，并考虑国家或地方经济社会发展需求，将海域划分为不同类型的海洋基本功能区，为海洋开发、保护与管理提供科学依据的基础性法律。任何用海项目必须符合海洋功能区划，围填海项目也是如此。需要说明的是，这里所说的"符合"海洋功能区划，是一种宽泛的概念，并不严格，实际管理中只要用海项目与所在海洋功能区划确定的海域功能符合或者兼容就可以获得批准。海洋功能区划的兼容性是指，海域基本功能之间，或是海域使用活动与海洋功能区规定的基本功能和各项管理要求之间的协调程度。因此，用海活动的功能区划符合性分为完全一致、兼容、有条件兼容和不符合 4 种类型。完全一致是指用海类型和功能区确定的基本功能类型完全一致，同时用海活动同功能区各项管理要求均符合；兼容是指用海类型虽与功能区的基本功能类型不一致，但用海活动不会对功能区基本功能造成不可逆转的改变，同时用海活动符合功能区单元的海域使用和海洋环境保护要求；有条件兼容是指在满足一定条件的条件下，用海活动不会对基本功能造成不可逆转的改变；不符合是指与功能区管理要求不一致。兼容是符合的特殊情况，按照《省级海洋功能区划编制技术要求》，海洋基本功能是在现有认识条件下确定的最佳功能，一切开发利用活动均不得对海洋的基本功能造成不可逆转的改变，因此可将兼容理解成广义范围下的符合。

围填海项目海洋功能区划的符合性可按照图 5-3 中的技术路线进行综合判定。

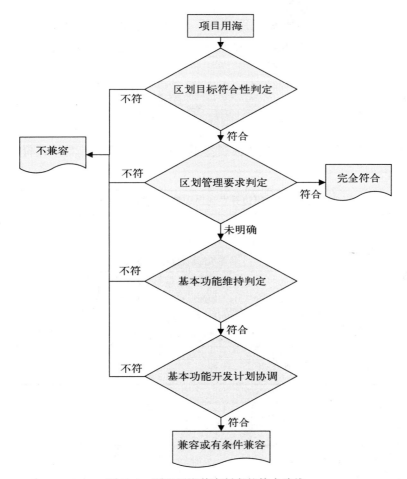

图 5-3　项目用海兼容判定的技术路线

在对围填海工程进行微观选址评价时，针对功能区划符合性判定的 4 种结论类型可以分别进行赋值，分值为 3、2、1、0，分别表示符合海洋功能区划的程度。采用德尔菲法，经 7 位海洋功能区划领域专家打分后取平均值，判定结论的评价分值见表5-8。

表5-8　海洋功能区划符合性评价指标分值

序号	符合性判定结论	含义	分值
1	完全符合	可以开展围填海项目	3
2	兼容	可以开展不影响主导功能的填海项目	2
3	有条件兼容	在特定条件下可以开展不影响主导功能的填海项目	1
4	不符合	不可以开展围填海项目	0

6. 周边开发利用现状

周边开发利用现状主要考虑围填海项目与周边项目用海的协调程度。评价思路是，若填海项目周边的利益相关者较多、协调难度越大，则该工程顺利获得批准并实施运营的可行性就越差。

$$A_{26} = \frac{\sum\limits_{i}^{n} x_i}{n} \tag{5-16}$$

其中，x_i 为围填海项目与周边某利益相关者的协调系数。具体评价分析结论见表5-9。

表5-9　周边开发利用现状评价指标分值

序号	主要利益相关者	与填海项目距离	协调系数 x_i
1	海水浴场	与填海项目距离 500 米以内	1
		与填海项目距离 500 米外	3
2	养殖	与填海项目距离 500 米以内	2
		与填海项目距离 500 米外	3
3	海底管线	与填海项目距离 10 米以内	0
		与填海项目距离 10 米外	1
4	其他海域开发利用活动	与填海项目距离 500 米以内	1
		与填海项目距离 500 米外	2

5.2.4　围填海选址评价模型的建立

1. 指标量化和标准化

对9个宏观评价指标和6个微观评价指标进行标准化归一化处理，采用如下公式。

$$a_{1i} = \frac{A_{1i}}{A_{1i}^{\max}} \times 100\% \tag{5-17}$$

$$a_{2i} = \frac{A_{2i}}{A_{2i}^{\max}} \times 100\% \tag{5-18}$$

其中，a_{1i} 为宏观评价指标标准化后的指标值，a_{2i} 为微观评价指标标准化后的指标值。

2. 层次分析法确定宏观和微观选址评价指标权重

层次分析法的模型结构如图 5-4 所示。

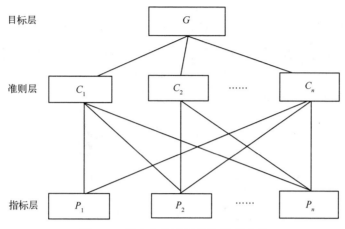

图 5-4　层次分析法的机构模型示意

为确保评价因子权重的科学性和准确性，运用层次分析法对各层指标的相对重要性进行两两比较判断，并保持判断矩阵的一致性，最后得出各个指标的权重值。根据目标层的复杂程度决定层次结构模型中的层数，目标层越复杂，则层数越多。当层次结构指标超过 9 个，判断矩阵的一致性往往会遇到问题，所以每层中的指标通常控制在 9 个以内。每一层中指标的两两对比采用 1~9 比率标度方法，1~9 比率标度含义见表 5-10。

表 5-10　标度值含义

标度 a_{ij}	定义
1	i 因素与 j 因素同等重要
3	i 因素比 j 因素略重要
5	i 因素比 j 因素较重要
7	i 因素比 j 因素非常重要
9	i 因素比 j 因素绝对重要
2，4，6，8	以上判断之间的中间状态对应的标度值
倒数	若 i 因素与 j 因素比较，得到判断值为 a_{ij}，若 j 因素与 i 因素比较，得到判断值为 a_{ji}，$a_{ji} = 1/a_{ij}$

若每次取因子 x_i 和 x_j，以 a_{ij} 表示 x_i 和 x_j 对 Z 的影响大小之比，所有比较结

果值用矩阵 $A = (a_{ij})_{m \times n}$ 表示，称 A 为 Z—X 之间的成对比较判断矩阵，简称为判断矩阵。

$$A = \begin{bmatrix} a_{11} & a_{12} \cdots a_{1n} \\ a_{21} & a_{22} \cdots a_{2n} \\ \vdots & \vdots & \vdots \\ a_{n1} & a_{n2} \cdots a_{nn} \end{bmatrix} \qquad (5-19)$$

确定判断矩阵之后，须进行重要性排序计算，求出最大特征值所对应的特征向量。所求单位特征向量即为各评价因素的权重，也就是所设定目标优先等级的权重。

判定矩阵的归一化处理按照下式计算：

$$\overline{a_{ij}} = \frac{a_{ij}}{\sum\limits_{k=1}^{n} a_{kj}} (i, j = 1, 2, \cdots, n) \qquad (5-20)$$

进行行叠加，得

$$\overline{w_i} = \sum\limits_{j=1}^{n} \overline{a_{ij}} (i = 1, 2, \cdots, n) \qquad (5-21)$$

经过 $\overline{w} = (\overline{w_1}, \overline{w_2}, \cdots, \overline{w_n})$ 的归一化处理，得

$$w_i = \frac{\overline{w_i}}{\sum\limits_{j=1}^{n} \overline{w_j}} (i = 1, 2, \cdots, n) \qquad (5-22)$$

得到权向量

$$w = (w_1, w_2, \cdots, w_n) \qquad (5-23)$$

得到最大特征根

$$\lambda_{max} = \frac{1}{n} \sum\limits_{i=1}^{n} \frac{(A_w)_i}{w_i} \qquad (5-24)$$

判断矩阵的一致性检验公式为：

$$CR = \frac{CI}{RI}, \ CI = \frac{1}{n-1} (\lambda_{max} - n) \qquad (5-25)$$

其中，RI 为判断矩阵的平均随机一致性指标；CR 为判断矩阵的随机一致性比率；CI 为判断矩阵的一般一致性指标。RI 与 n 的对应关系见表 5-11。

表 5-11　RI 值对应表

n	1	2	3	4	5	6	7	8	9	10	11
RI	0	0	0.58	0.90	1.12	1.24	1.32	1.41	1.45	1.49	1.51

判断标准：如果判断矩阵的 CR 值小于 0.1，说明评价指标的一致性可以通过，

评价指标的权重相对合理；如果判断矩阵的 *CR* 值大于 0.1，说明评价指标的一致性不能够通过，评价指标的一致性较差，需要进行判断矩阵的重新调整，并按照上述步骤再一次进行一致性检验，一直到评价指标的 *CR* 值小于 0.1 为止。

根据以上方法和步骤，宏观评价指标的判定矩阵见表 5–12。

表 5–12　宏观评价指标判定矩阵

评价指标	海陆面积比	人口密度	海上交通区位条件	人均国内生产总值	海岸线稀缺度	单位岸线国内生产总值	亲海期望	相应产业增长率	区域海洋灾害
海陆面积比	1	2	1/2	1/5	1/6	1/7	1/4	1/8	1/2
人口密度	1/2	1	1/3	1/8	1/9	1/9	1/6	1/9	1/4
海上交通区位条件	2	3	1	1/6	1/7	1/9	1/5	1/9	1/3
人均国内生产总值	5	8	6	1	1/2	1/2	1	1/2	1
海岸线稀缺度	6	9	7	2	1	1	2	1/2	3
单位岸线国内生产总值	7	9	9	2	1	1	2	1/2	3
亲海期望	4	6	5	1	1/2	1/2	1	1/2	2
相应产业增长率	8	9	9	2	2	2	2	1	4
区域海洋灾害	2	4	3	1	1/3	1/3	1/2	1/4	1

根据以上计算公式，求得判断矩阵最大特征根为 $\lambda_{\max} = 9.2854$。

权向量（特征向量）$w = (0.02778, 0.01773, 0.03072, 0.11551, 0.18157, 0.19015, 0.11267, 0.25490, 0.06896)^{\mathrm{T}}$。

判断矩阵的平均随机一致性指标 $RI = 1.45$；判断矩阵的一般一致性指标 $CI = 0.03567$；判断矩阵的随机一致性比率 $CR = 0.0246$。$CR < 0.1$，判断矩阵满足一致性要求。

宏观评价指标的各指标权重见表 5–13。

表 5–13　围填海选址宏观评价指标的各指标权重

评价指标	各指标权重
海陆面积比	0.027 78
人口密度	0.017 73
海上交通区位条件	0.030 72
人均国内生产总值	0.115 51
海岸线稀缺度	0.181 57
单位岸线国内生产总值	0.190 15
亲海期望	0.112 67
相应产业增长率	0.254 90
区域海洋灾害	0.068 96

微观选址评价的判定矩阵见表5-14。

表 5-14　微观评价指标判定矩阵

评价指标	海洋 水文条件	海洋 环境容量	海岸 地质类型	生态 敏感程度	海洋功 能区划符合性	周边开 发利用现状
海洋水文条件	1	1/2	1	1/3	5	8
海洋环境容量	2	1	2	1	8	9
海岸地质类型	1	1/2	1	1/2	5	7
生态敏感程度	3	1	2	1	9	9
海洋功能区划符合性	1/5	1/8	1/5	1/9	1	3
周边开发利用现状	1/8	1/9	1/7	1/9	1/3	1

根据以上计算公式，求得判断矩阵最大特征根为 $\lambda_{max} = 6.161\ 8$。

权向量（特征向量）$w = (0.158\ 41,\ 0.291\ 71,\ 0.163\ 00,\ 0.320\ 34,\ 0.041\ 70,\ 0.024\ 85)^{\mathrm{T}}$。

判断矩阵的随机一致性指标 $RI = 1.24$；判断矩阵的一般一致性指标 $CI = 0.032\ 376\ 276$；判断矩阵的随机一致性比率 $CR = 0.026\ 109\ 9$。$CR < 0.1$，判断矩阵满足一致性要求。

宏观评价指标的各指标权重见表5-15。

表 5-15　围填海选址微观评价指标的各指标权重

评价指标	各指标权重
海洋水文条件	0.158 41
海洋环境容量	0.291 71
海岸地质类型	0.163 00
生态敏感程度	0.320 34
海洋功能区划符合性	0.041 70
周边开发利用现状	0.024 85

3. 确定评价标准

根据分值区段划分评价级别。

(1)大于80，围填海选址为优。

（2）70~80，围填海选址为良。

（3）60~70，围填海选址为一般。

（4）小于 70，围填海选址为差。

5.3　围填海规模评价指标体系建立

5.3.1　围填海规模评价指标体系建立的思路

填海项目规模评价实质上是对填海工程集约、节约利用海域程度的评价。海域集约利用是指在一定自然、经济、技术和社会条件下，根据地区海域的定位及发展目标，在满足地区海域发展适度规模，使地区海域获得最大规模效益和集聚效益的基础上，以海域合理布局、优化海域利用方式和可持续发展为前提，通过适度增加海域资金投入、改进技术和改善管理水平等途径，不断提高海域资源利用效率，以期取得良好的经济、社会和生态环境综合效益。海域集约利用的示意图如图 5-5 所示。

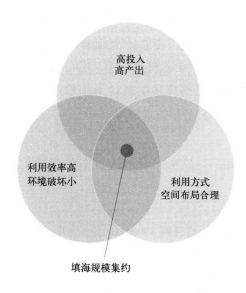

图 5-5　填海集约利用示意

本章对围填海平面设计中填海规模评价的对象是大型填海工程的用海方案，并非是对海域开发利用现状集约水平的评价。填海规模集约的用海方案应当具备以下特点。

（1）填海是对海洋环境影响最大的用海方式，因此填海项目的填海面积和占用的岸线应当越少越好，减少对海洋自然生态环境的破坏和影响。

（2）填海是以牺牲立体的海洋自然生态空间换取平面的陆域空间，形成的陆域应当主要服务于用海目的，填海区域内应减少非必需填海的开发方式，从而提高对填海形成陆域的开发和利用效率。如应当严禁通过填海建设花园工厂（同样面积海域的生态服务价值不低于同样面积的花园和绿地），严禁在填海项目内布置超过设计要求的超宽道路和大型广场。

（3）避免填海的闲置，填海区应开展资金投入高、劳动密集的海洋产业，尽量在有限海域面积创造更高的产出和收益。

填海规划评价指标体系设计的思路是，从填海规模集约的特点入手，按照填海集约应当具备的特点和要求，分别对填海的整体规模、利用效率、利用布局等进行综合评价，设计可以切实反映填海集约的评价指标。此外，填海集约是一个相对值，没有最集约，只有更集约。因此，对于填海规模的评价需要以横向比较为主，采用位置法或距离法进行评价和分析，得出某具体填海项目的填海规模集约程度，即评价值。

5.3.2　围填海规模评价指标体系

通过筛选，遴选出 8 个可以反映填海项目所在区域进行填海的适宜程度的指标，分别为填海强度、海域利用效率、岸线利用效率、单位用海系数、绿地率、开发退让比例、道路广场用地比率和水系面积比例。

1. 规模评价指标的量化和计算方法

①填海强度指标。

填海强度就是填海平均纵深，表示通过单位岸线的填海面积，计算公式如下。

$$b_1 = s/l \qquad (5-26)$$

其中，b_1 为填海强度（填海平均纵深），s 为填海工程的填海总面积，l 为填海工程占用的岸线总长度。

②海域利用效率指标。

海域利用效率是指填海工程形成的陆域中可以被有效利用的面积比例。该指标反映填海工程形成陆域区块中和项目生产运营有直接关系的面积比例，反映填海工程的平面利用效率。计算公式如下。

$$b_2 = \frac{\sum_{i=1}^{n} s_i}{s} \qquad (5-27)$$

其中，b_2 为海域利用效率，s_i 为填海项目最终平面布局中有效利用的面积，一般包括各种建筑物、用于生产和直接为生产服务的构筑物占地面积、露天设备用地、露天堆场及露天操作场地用地，s 为填海项目整体陆域面积，既包括占用的已有土地面积，也包括填海形成的土地面积。

③岸线利用效率指标。

该指标反映填海项目使用岸线和营造新岸线的整体水平，是反映填海项目是否集约利用岸线和海域的重要指标。海岸线是临海产业发展最重要的载体，对于填海造地用海，既要满足项目用地需求，又要尽量少占用自然岸线。根据各产业用海特点，分为功能性填海和非功能性填海。功能性填海是为了实现海域的某种功能的开发而进行的填海，其目的是依托岸线实现海域的功能。港口工程用海、船舶产业用海属于功能性填海。非功能性填海指以获得土地为目的的填海，主要是为了解决土地资源供给不足的问题，其常常不需要使用海域的功能和海岸线，应尽量减少占用岸线长度。电力、石化和其他产业类型属于非功能性填海。

该指标的计算公式如下。

$$b_3 = \frac{l_1}{l} \tag{5-28}$$

其中，b_3 为填海项目的海岸线利用效率，l_1 为填海项目新形成的岸线长度，l 为填海项目占用岸线的长度。

④单位用海系数指标。

该指标是指填海项目单位投资规模填海形成的陆域面积。该指标是填海项目投资强度的倒数，体现了填海项目的投资集约化水平。计算公式如下。

$$b_4 = \frac{s}{M} \times \varepsilon \tag{5-29}$$

其中，b_4 为填海项目的单位用海系数，s 为填海项目填海总面积，M 为填海项目总投资额，ε 为填海项目所在海域等别调整系数。

财政部、国家海洋局根据沿海县级海域单元的经济社会发展水平，将我国沿海海域所有县级单元共分为 6 个等级，并依据不同用海方式对海域自然属性的改变程度制定了海域使用金征收标准(表 5-16)。由于不同等别海域的海域使用金、填海投资平均成本和收益水平不同，该指标需进行海域等别的修正。不同等别海域的等别调整系数见表 5-17。

表 5-16　海域使用金征收标准　　　　　　　单位：万元/公顷

用海类型		海域等别						征收方式
		一等	二等	三等	四等	五等	六等	
填海造地用海	建设填海造地用海	180	135	105	75	45	30	一次性征收
	农业填海造地用海	具体征收标准暂由各省(自治区、直辖市)制定						
	废弃物处置填海造地用海	195	150	120	90	60	37.50	
构筑物用海	非透水构筑物用海	150	120	90	60	45	30	
	跨海桥梁、海底隧道等用海	11.25						
围海用海	透水构筑物用海	3	2.55	2.10	1.65	1.20	0.75	按年度征收
	港池、蓄水等用海	0.75	0.60	0.45	0.30	0.21	0.15	
	盐业用海	具体征收标准暂由各省(自治区、直辖市)制定						
	围海养殖用海	具体征收标准暂由各省(自治区、直辖市)制定						
开放式用海	开放式养殖用海	具体征收标准暂由各省(自治区、直辖市)制定						
	浴场用海	0.45	0.36	0.30	0.21	0.15	0.06	
	游乐场用海	2.25	1.65	1.20	0.81	0.51	0.30	
	专用航道、锚地等用海	0.21	0.18	0.12	0.09	0.06	0.03	
其他用海	人工岛式油气开采用海	9						
	平台式油气开采用海	4.50						
	海底电缆管道用海	0.45						
	海砂等矿产开采用海	4.50						
	取、排水口用海	0.45						
	污水达标排放用海	0.90						

表 5-17　不同等别海域规模评价调整系数

序号	海域等别	等别修正系数(ε)
1	一等、二等	1
2	三等、四等	4/3
3	五等、六等	2

⑤开发退让比例指标。

该指标指填海项目形成的陆域内实施退让的岸线占新形成岸线的比例。计算公式如下。

$$b_5 = \frac{l_2}{l_1} \tag{5-30}$$

其中，b_5 为填海项目的开发退让比例，l_1 为填海项目新形成的岸线长度，l_2 为填海项目实施岸线退让的长度。

⑥绿地率指标。

该指标指填海项目形成的陆域范围内绿化用地规模占填海造地总规模的比例。计算公式如下。

$$b_6 = \frac{s_b}{s} \tag{5-31}$$

其中，b_6 为填海项目的开发退让比例，s_b 为填海项目形成陆域范围内绿化用地总面积，s 为填海项目填海造地总面积。

⑦水系面积比例指标。

该指标反映填海项目用海范围内设置的水系、水道面积占总用海面积的比例。计算公式如下。

$$b_7 = \frac{s_w}{s} \tag{5-32}$$

其中，b_7 为填海项目的水系面积比例，s_w 为填海项目用海范围内水系水道总面积，s 为填海项目填海造地总面积。

⑧道路广场占地比率指标。

该指标反映填海工程形成的陆域空间内道路与广场区块占地比例。计算公式如下。

$$b_8 = \frac{s_d + s_g}{s} \tag{5-33}$$

其中，b_8 为填海项目的开发退让比例，s_d 为填海项目形成陆域范围内道路总面积，s_g 为填海项目形成陆域范围内广场总面积，s 为填海项目填海造地总面积。

2. 规模评价指标的等级及分值确定

将围填海工程规模评价指标等级分为 4 个等级，分别用 3、2、1、0 表示，其中 3 表示填海工程较规模合适、用海集约度较高，2 表示填海工程规模合适、用海集约度一般，1 表示填海工程规模较不合适或用海集约程度不高，0 表示填海工程规模不当、用海粗放。对国家海洋局已经批准的近 100 个区域建设用海，按照上述 8 个指标的量化方法分别进行统计和计算，取每个指标统计值的前 40% 为等级 3 和等级 2，其余为等级 1 和等级 0。各个指标的等级和分值确定情况见表 5-18。

表 5-18　围填海宏观选址评价指标分等条件和综合评价等级情况

序号	评价指标	分等条件	综合评价等级
1		人工岛式填海 大于 300 公顷/千米	3
2	填海强度	100~300 公顷/千米	2
3		50~100 公顷/千米	1
4		小于 50 公顷/千米	0
5		大于 70%	3
6	海域利用效率	60%~70%	2
7		40%~60%	1
8		小于 40%	0
9		人工岛式填海 大于 2	3
10	岸线利用效率	1~2	2
11		0.5~1	1
12		小于 0.5	0
13		小于 2 平方米/万元	3
14	单位用海系数	2~3 平方米/万元	2
15		3~5 平方米/万元	1
16		大于 5 平方米/万元	0
17		大于 30%	3
18	开发退让比例	20%~30%	2
19		5%~20%	1
20		小于 5%	0
21		小于 5%	3
22	绿地率	5%~10%	2
23		10%~15%	1
24		大于 15%	0
25		大于 15%	3
26	水系面积比例	10%~15%	2
27		5%~10%	1
28		小于 5%	0
29		小于 10%	3
30	道路广场用地比率	10%~12%	2
31		12%~15%	1
32		大于 15%	0

5.3.3　围填海规模评价模型建立

围填海规模评价指标判定矩阵见表5-19。

表5-19　填海规模评价指标判定矩阵

评价指标	填海强度	海域利用效率	岸线利用效率	单位用海系数	开发退让比例	绿地率	水系面积比例	道路广场用地比率
填海强度	1	1/2	1	1/3	5	3	2	4
海域利用效率	2	1	2	1	9	6	4	8
岸线利用效率	1	1/2	1	1/3	5	3	2	4
单位用海系数	3	1	3	1	9	7	6	8
开发退让比例	1/5	1/9	1/5	1/7	1	1/2	1/3	1
绿地率	1/3	1/6	1/3	1/8	2	1	1/2	1
水系面积比例	1/2	1/4	1/2	1/6	3	2	1	2
道路广场用地比率	1/4	1/8	1/4	1/8	1	1	1/2	1

根据以上计算公式，求得判断矩阵最大特征根为 $\lambda_{max} = 8.097$。

权向量（特征向量） $w = ($ 0.126 568 573，0.262 480 847，0.126 568 573，0.313 287 205，0.028 465 922，0.041 205 839，0.067 729 575，0.033 693 465 $)^{T}$。

判断矩阵的平均随机一致性指标 $RI = 1.41$；判断矩阵的一般一致性指标 $CI = 0.013\ 90$；判断矩阵的随机一致性比率 $CR = 0.009\ 86$。$CR < 0.1$，判断矩阵满足一致性要求。

宏观评价指标的各指标权重见表5-20。

表5-20　围填海规模评价指标各指标权重

评价指标	各指标权重
填海强度	0.126 568 573
海域利用效率	0.262 480 847
岸线利用效率	0.126 568 573
单位用海系数	0.313 287 205
开发退让比例	0.028 465 922
绿地率	0.041 205 839
水系面积比例	0.067 729 575
道路广场用地比率	0.033 693 465

3. 确定评价标准

根据分值区段划分评价级别。

(1)大于80，围填海规模设计为优。

(2)70~80，围填海规模设计为良。

(3)60~70，围填海规模设计为一般。

(4)小于70，围填海规模设计为差。

5.4　围填海平面形态评价指标体系建立

5.4.1　平面形态设计评价指标建立的思路

填海工程平面形态多样，特点复杂，由于与其直接关联的因素众多，对填海工程平面形态的评价系统也相对复杂。评价体系应当针对其形态特征和物理学特征进行科学的、合理的评价，同时考虑指标间的关联性和综合性，以保证评价体系的全面与完整。

填海的平面形态多种多样，但是平面类型并不能作为一种标准，很难对方案的优劣做出有效且合理的评估。因此，应当利用层次分析模型建立围填海工程平面形态设计评价指标体系，着重考虑与平面相关联的形态指标的层次结构。对于一级指标的选取，不仅需要具有典型意义，还要能全面反映平面形态的特征。

平面形态设计评价指标的选取应当遵循以下几个原则。

(1)重点性和明确性。平面形态设计评价体系应当只针对方案的形态特征和物理特征进行评估，不过分关注平面方案的经济效益、生态效益、人文效益及其他因素。围填海工程平面设计评价指标应与规模指标、经济指标等相区分，避免出现与评价目标主体不符的指标。

(2)代表性和独立性。平面形态设计评价涉及因素众多，是一个相对复杂的系统，指标的选取需要有高度的代表性，能够突出反映某一方面的特征，同时自身具有一定的独立性。对于边界模糊或者意义相近的指标，应予以明确、筛选、合并，对冗余的指标进行删除。

(3)客观性和必要性。为了保证评价体系的科学性和合理性，指标的选取应当具有一定的客观性，避免选取认同度不高或者主观性较强的指标。同时，避免出现影响度较低、评判价值较低的指标，以保持评价体系的精简高效。

(4)较高操作性。从评价的目的出发，尽量选取容易获得、统计和进行比选的指标。

5.4.2　平面形态评价指标的筛选

通过对现有研究的搜集和整理，统计得到使用率较高、代表性较强的若干指标构成的评价体系。通过独立性分析，对指标进行再筛选，剔除有交叉重复意义的指标，并对新的指标体系进行完善和补充。最后针对剩余指标，询问专家意见，统一评判标准和口径，最终确定围填海工程平面设计评价指标体系(图 5-6)。

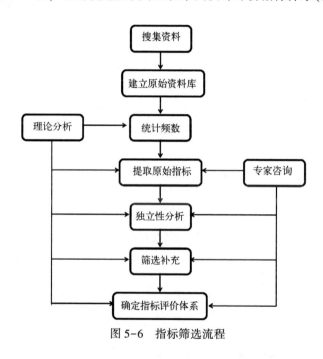

图 5-6　指标筛选流程

在对现有研究成果的梳理中发现，现有指标评判标准存在一定的问题(表 5-21)。由于现有研究的角度选取不同，研究目的不同，对围填海工程平面设计的评价方式和标准必然不能统一在同一层面。根据上述指标的筛选原则，对指标进行初步整理：①针对平面规模的指标，包括围填海强度指数和水域容积率等，该类指标关注围填海工程平面设计的经济效益，但并不关注平面设计自身特性；②针对工程的防灾能力指标，包括防灾减灾投入和设计标高重现期等，该类指标同样关注效益，但偏离了平面设计的评价自身；③针对工程自身环境条件指标，包括潮间带宽度、海岸条件和环境总容量等，该类指标影响平面设计的生成，但指标等级不统一，不利于评判，需要调整梳理；④针对平面设计特性的指标，包括岛岸位置、填海形态、结构形式、交通组织方式、岸线冗亏指数和自然岸线利用率等，该类指标从较为独立的角度，反映了平面方案的物理特性和自然特征，可以作为评价体系的主体。

表 5-21　现有围填海平面研究评价指标使用频数统计

研究机构或学者	岛岸位置	填海形态	结构形式	围填海内部交通组织方式	围填海强度指数	围填海岸线冗亏指数	围填海岸线营造指数	自然海岸线利用率	潮间带宽度	水域容积率	防灾减灾投入	海岸条件	环境总容量	设计标高重现期
张路诗	◆	◆	◆	◆										
索安宁等					◆	◆	◆	◆						
岳奇等		◆	◆											
郭子坚		◆	◆											
联合国经济及社会理事会								◆						
夏东兴等		◆		◆				◆	◆			◆		
贾凯					◆									
霍军					◆								◆	
于永海		◆			◆									
王新风	◆	◆	◆		◆	◆								
肖劲奔														
陈影	◆	◆												
郑志慧		◆	◆										◆	
付元宾等					◆									
陈玮彤等					◆									
张赫									◆	◆	◆	◆	◆	◆
总计	3	8	5	2	7	2	1	3	2	1	1	2	3	1

　　除上述筛选出的指标之外，通过对专家的咨询调查，还需对指标进行补充和分类。由于围填海平面的设计同样存在着生态需求和景观体验需求，故针对平面方案的生态和景观特征属性评价引入新的指标，作为统一评价的标准。

　　最终评价指标体系应包括两类指标，即非量化型指标和量化型指标。非量化型指标主要针对平面设计自身的特性分类，可以全面地概括平面设计方案的某一独立特性的种类和特点；量化型指标则将指标区间进行等级分类，通过对平面特征数据的标准化处理，给出平面方案在某一独立特性的等级评判。两种指标相互协调，互为补充，共同完成对围填海平面设计评价指标体系的构建。

　　根据上述选取原则，结合实际中数据获取的难易程度，提出围填海平面设计评价指标体系，如表 5-22 所示。

表 5-22　围填海平面设计评价指标

指标类别	指标项
类型指标	岛岸关系
	填海形态
	结构形式
	岸线形式
指数指标	生态岸线指数
	间距指数
	水体交换力

表 5-22 中的岛岸关系、填海形态、结构形式和岸线形式 4 项指标是对围填海平面方案中无法量化评价的物理特征进行划分和分类。后文将详解针对某一指标评价的细化及评判方法。生态岸线指数、间距指数和水体交换力 3 项指标通过将方案的形态特征进行量化，从而实现指标的分级评判。

5.4.3　平面形态评价指标的定义及计算方法

1. 岛岸关系

岛岸关系是指围填海项目在将海域转变成土地时，填海区域与原有岸线之间形成的一定的空间位置关系。常见的关系有平推、截弯取直、相连、相离等（图 5-7）。岛岸关系决定了新建土地与已有岸线在平面上的空间联系，是平面结构的基础。具体评价见表 5-23。

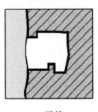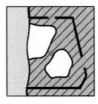

平推　　　　　　　截弯取直　　　　　　相连　　　　　　　相离

图 5-7　岛岸关系示意

表 5-23　岛岸关系评价

项目	平推	截弯取直	相连	相离
边界形状改变程度	1	2	3	4
局部冲淤改变程度	1	2	2	4
水动力环境影响程度	1	2	3	4
自然景观	2	2	4	4

续表

项目	平推	截弯取直	相连	相离
岸线长度	2	2	3	4
交通联系便捷度	4	4	3	2
基础设施配套难易度	3	4	2	1
人文景观丰富度	2	2	3	4
总分	16	20	23	27
标准化赋值	59	74	85	100

注：表中数字为分值，其中1代表差，5代表优。下同。

2. 填海形态

填海形态是指新建的围填海区域所形成的土地轮廓形状。常见的种类有三角形、矩形、圆形、新月形、锯齿形、有机形等(图5-8)。不同的形态会产生不同的视觉效果，在具体的功能使用方面也有不同的优势与限制，对于海洋环境也会有不同的影响。具体评价见表5-24。

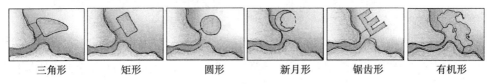

三角形　　　矩形　　　圆形　　　新月形　　　锯齿形　　　有机形

图 5-8　填海形态示意

表 5-24　填海形态评价

项目	三角形	矩形	圆形	新月形	锯齿形	有机形
边界形状改变程度	2	1	3	1	1	3
局部冲淤改变程度	3	2	4	2	1	3
水动力环境影响程度	3	2	4	2	1	3
自然景观	1	1	2	3	2	5
岸线长度	3	2	1	4	5	4
交通联系便捷度	3	3	3	2	2	1
基础设施配套难易度	3	3	3	1	1	2
人文景观丰富度	1	1	1	3	2	4
总分	19	15	21	18	15	25
标准化赋值	76	60	84	72	60	100

3. 结构形式

结构形式是指围填海所得的土地由于规划设计的不同，在平面上可以有多种结构形式。常见的种类有整块式、水道式、内湾式、多块式等(图5-9)。结构形式决定了新建土地的平面组合方式，经过规划设计也可对应发展一定的功能。具体评价见表5-25。

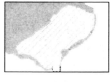

整块式　　　　　　　水道式　　　　　　　内湾式　　　　　　　多块式

图 5-9　结构形式示意

表 5-25　结构形式评价

项目	整块式	水道式	内湾式	多块式
边界形状改变程度	2	1	3	4
局部冲淤改变程度	2	3	2	3
水动力环境影响程度	1	2	3	3
自然景观	1	2	2	4
岸线长度	2	2	3	4
交通联系便捷度	2	3	3	2
基础设施配套难易度	3	3	2	2
人文景观丰富度	2	2	3	4
总分	15	18	21	26
标准化赋值	58	69	81	100

4. 岸线形式

岸线形式是指不同的平面形态在土地临界水面处的形式。常见的种类有直线型、弧线型、自然型等(图5-10)。岸线形式在平面上有着不同的美学效果，是围填海项目的平面具体表现。具体评价见表5-26。

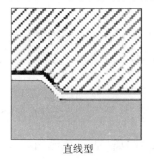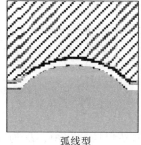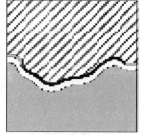

直线型　　　　　　　　弧线型　　　　　　　　自然型

图 5-10　岸线形式示意

表 5-26　岸线形式评价

项目	直线型	弧线型	自然型
边界形状改变程度	1	2	3
局部冲淤改变程度	1	2	3
水动力环境影响程度	1	2	3
自然景观	1	2	4
岸线长度	2	3	4
交通联系便捷度	3	2	2
基础设施配套难易度	3	2	1
人文景观丰富度	1	2	3
总分	13	17	20
标准化赋值	65	85	100

5. 生态岸线指数

围填海开发活动包含大量人为活动，对于生态岸线的保护显得十分重要，可采用生态岸线指数来评估影响，反映出围填海工程中人工干扰的大小，可促进围填海工程尽量减少生态破坏。评估公式见下式。

$$C = \frac{l}{L} \qquad (5-34)$$

其中，C 为生态岸线指数，l 为生态岸线（对应人工岸线）长度，L 为总岸线长度。

生态岸线指数 C 的标准化赋值 C_S 参照表 5-27。

表 5-27　生态岸线指数赋值

C 值	$C<30\%$	$30\%<C<60\%$	$60\%<C<80\%$	$80\%<C<90\%$	$90\%<C$
C_S 值	60	70	80	90	100

6. 间距系数

围填海项目的规划设计会形成完全不同的平面形式，土地之间的距离可反映出互相之间的组合是否合理美观。采用间距系数可评估围填海项目中土地的分散程度，评估公式为

$$I = \sum \frac{D+d}{S} \qquad (5-35)$$

其中，I 为间距系数，d 为岛与岛的间距，D 为岛岸距离，S 为填海面积。

间距系数 I 的标准化赋值 I_S 参照表 5-28。

表 5-28　间距系数赋值

I 值	$I<1$	$1<I<2$	$2<I<3$	$3<I<4$	$4<I<5$	$5<I<6$	$6<I<7$	$7<I<8$	$8<I$
I_S 值	60	70	80	90	100	90	80	70	60

7. 水体交换力

围填海工程会导致周边海域水动力环境发生变化，改变了泥沙输移条件，改变了局部冲淤程度。水动力状况对海域环境整体质量有重要影响，本章利用 EFDC 数学模型对填海区域进行数值模拟，并利用下式计算水体交换率，分析工程的水体交换能力。

$$p = \frac{\sum (c_0 - c_i) v_i}{\sum c_0 v_i} \qquad (5-36)$$

其中，p 为水体交换率；c_0 为初始浓度，c_i 为第 i 时刻的浓度，v_i 为水的体积。

本章将水体交换力（E）量化为填海区域水体交换律达到 98% 所需时间（小时），其标准化赋值 E_S 参照表 5-29。

表 5-29　水体交换力赋值

E 值	$E<90$ 小时	90 小时 $<E<160$ 小时	160 小时 $<E<200$ 小时	200 小时 $<E<300$ 小时	$E>300$ 小时
E_S 值	100	90	80	70	60

5.4.4　平面形态评价模型建立

本节运用德尔菲法和层次分析法确定围填海工程平面形态设计评价指标的权重。对围填海工程平面形态评价指标进行层次分析，确立清晰的分级指标体系，形成如图 5-11 所示的层次结构。本章将围填海平面形态设计评价指标体系（C）的复杂目标分解成特征系统（C_1）与机制系统（C_2）两个组成因素，把决定评价目标的这两个因素按支配关系分别分解成岛岸关系（C_{11}）、填海形态（C_{12}）、结构形式（C_{13}）、岸线形式（C_{14}）4 个特征指标和生态岸线指数（C_{21}）、间距指数（C_{22}）、水体交换率（C_{23}）3 个机制指标。依据专家打分确定评价指标相互间的标度值，根据标度值列出判断矩阵。通过对各层次要素的分解和综合计算，确定评价目标最终的决策方案。

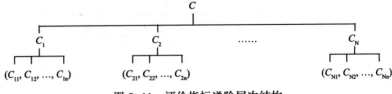

图 5-11　评价指标递阶层次结构

最终得出的评价指标的权重汇总见表 5-30，并按照指标层相对于准则层的权重予以排序。

表 5-30　围填海岸线控制指标体系及权重

目标层	准则层	准则层权重(%)	指标层	指标层权重(%)	总排序
围填海平面形态设计评价指标体系	特征系统	58.99	岛岸关系	17.28	1
			填海形态	15.56	3
			结构形式	14.04	4
			岸线形式	12.11	6
	机制系统	41.01	生态岸线指数	11.68	7
			间距系数	13.44	5
			水体交换力	15.89	2

根据分值区段划分评价级别。

(1)大于 80，围填海平面形态设计为优。

(2)70~80，围填海平面形态设计为良。

(3)60~70，围填海平面形态设计为一般。

(4)小于 70，围填海平面形态设计为差。

5.5　小结

本章将围填海平面设计的评价分为 3 个部分，设计筛选了 30 个评价指标，给出了每个指标的定义、量化方法，利用层次分析法计算了每个部分、每个指标的权重，建立了评价的指标体系和评价模型。

形成的评价指标体系见表 5-31。

表 5-31　围填海平面设计评价指标体系

目标层	准则层	指标层	指标权重
围填海平面设计评价指标体系	围填海选址评价（40%）		
	宏观选址（20%）	海陆面积比	0.005 557
		人口密度	0.003 546
		海上交通区位条件	0.006 144
		人均国内生产总值	0.023 103
		海岸线稀缺度	0.036 315
		单位岸线国内生产总值	0.038 029
		亲海期望	0.022 534
		相应产业增长率	0.050 979
		区域海洋灾害	0.013 792
	微观选址（20%）	海洋水文条件	0.031 682
		海洋环境容量	0.058 341
		海岸地质类型	0.032 599
		生态敏感程度	0.064 068
		海洋功能区划符合性	0.008 34
		周边开发利用现状	0.004 969
	围填海规模设计（20%）	填海强度	0.025 314
		海域利用效率	0.052 496
		岸线利用效率	0.025 314
		单位用海系数	0.062 657
		开发退让比例	0.005 693
		绿地率	0.008 241
		水系面积比例	0.013 546
		道路广场用地比率	0.006 739
	围填海平面形态设计（40%）		
	特征系统（23.6%）	岛岸关系	0.069 12
		填海形态	0.062 24
		结构形式	0.056 16
		岸线形式	0.048 44
	机制系统（16.4%）	生态岸线指数	0.046 72
		间距系数	0.053 76
		水体交换力	0.063 56

第6章　围填海平面设计评价方法的应用

6.1　大型围填海平面设计回顾性评价

6.1.1　评价的目的方法及评价对象选取

本章围绕围填海平面设计的主要内容初步建立了评价围填海平面设计优劣程度的指标体系，应用该方法和指标体系，本章将对我国典型大型围填海工程平面设计进行回顾性评价。本章评价的主要目的包括：①对提出的评价方法和指标体系进行实例验证；②对我国的大型围填海平面设计优劣程度进行回顾性、定量化的评价；③根据评价结论，为大型围填海的管理、设计和研究等提出有关建议。

在评价案例的选取上，遵循以下原则。

(1)案例应具有代表性。选取的大型围填海工程无论从填海用途、填海区位还是填海形态上，都应当包含各个种类，涵盖面广。

(2)案例应尽量多。单独案例既无法反映围填海平面设计的内在规律，也无法印证评价方法发现指标存在的缺陷。

(3)每个案例之间应具有可比性。由于评价方法中涉及的部分指标具有时限性，不同时间段差异较大，无法进行比较，因此要尽量选取在相同时间区间的案例，同时要保证案例数据的时间同步性、可比性。

基于以上评价目的和案例选取原则，本章选取了 15 个案例。这些案例分布在从南到北的各个沿海省，涵盖工业、城镇、旅游、港口等多种用途，包括顺岸、人工岛等多种填海形态，占我国已批准区域建设用海规划的近 20%，可以在整体上代表我国大型围填海的平面设计水平，它们主要是 2010 年前后获得批准的，可以进行水平测度的比较，进而反映每个案例的平面设计优劣。

6.1.2　评价工程概况

1. 辽宁辽滨沿海经济区

项目位于盘锦辽滨沿海经济区，居辽宁沿海经济带的中央位置，规划面积

76.51 平方千米，规划填海 45.28 平方千米，占用岸线 14.68 千米，新形成岸线 112.11 千米。项目旨在打造以滨海旅游商贸为载体的魅力港城，以装备制造、石油化工特色产业为支柱的活力新城，以生态宜居港湾为依托的宜居水城（图 6-1）。项目依托滨海大道，从现有陆域向海延伸，在规划用海范围内保留一定面积的、垂直或平行于岸线的人工水体，结合园区内规划道路，对各功能区进行分隔，将规划用海分割为半岛与岛屿结合的不同片区，形成金帛湾水城、盘锦新港、新港工业区、临海工业区、河畔水乡住区五大功能区。

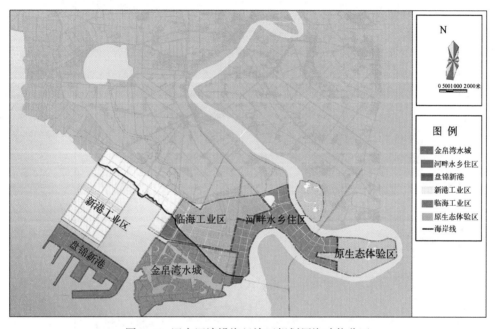

图 6-1 辽宁辽滨沿海经济区规划用海功能分区

2. 河北曹妃甸循环经济示范区

项目位于唐山市南部沿海，曹妃甸工业区一号公路以西，其功能定位是：能源、矿石等大宗货物的集疏港、新型工业化基地、商业性能源储备基地和国家级循环经济示范区。项目规划用海面积 315.36 平方千米，规划填海面积 220.39 平方千米，占用岸线 34.2 千米，新形成岸线 167.8 千米（图 6-2）。

3. 河北沧州渤海新区规划

项目位于河北省与山东省交界处、沧州市区以东约 90 千米的渤海之滨，区域建设用海总体规划用海面积 117.21 平方千米，其中填海造地用海面积为 74.57 平方千米，占用岸线 9.97 千米，新形成岸线 28.62 千米。项目定位为国际性综合大港和能源、钢铁、原材料集散运转中心，具有国际标准的重化工工业基地（图 6-3）。

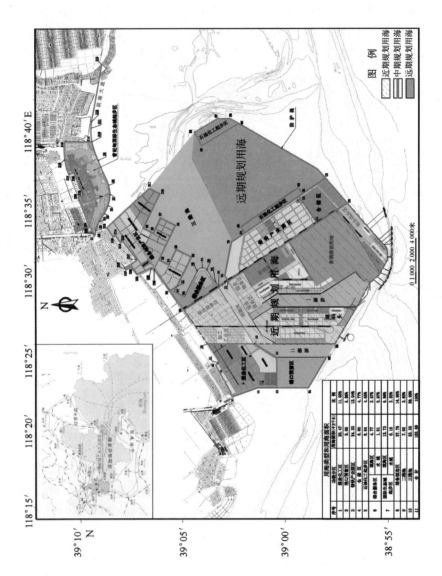

图 6-2　曹妃甸循环经济示范区功能布局

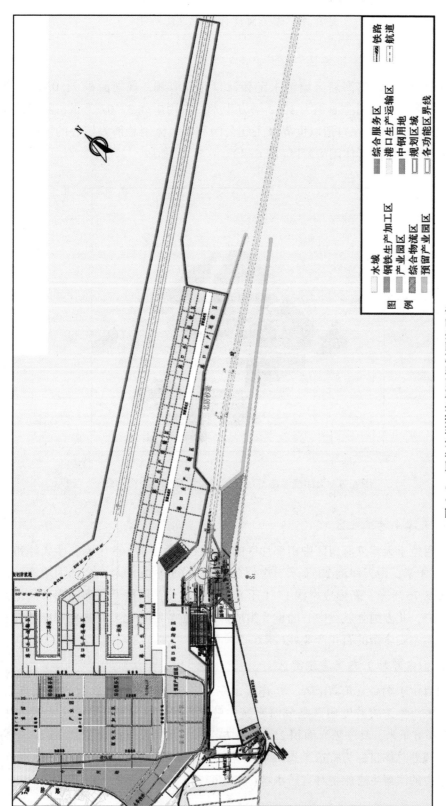

图 6-3 河北沧州渤海新区规划用海示意

4. 天津滨海休闲旅游区

项目位于天津滨海新区塘沽永定新河口北部海滩，规划面积21.03平方千米，其中填海造地用海面积为10.2平方千米，占用岸线37.07千米，新形成岸线27千米。项目旨在打造以世界级主题公园和海上休闲总部为核心的国际旅游目的地、生态型海滨休闲旅游区(图6-4)。

图6-4　天津滨海旅游区区域建设用海规划宗海示意

5. 天津南港工业区

项目位于天津滨海新区中南部片区的大港区，距北京165千米，距天津市中心区45千米，距天津港20千米。规划总用地为65平方千米，全部为填海，占用岸线9.75千米，新形成岸线17.1千米。项目定位为滨海新区面向南部腹地的重要门户，北方国际航运中心的重要组成部分，世界级重化工业基地和能源储备基地，生态安全型的石化产业城(图6-5)。

6. 山东潍坊生态滨海旅游区

项目位于渤海莱州湾南畔，是连接山东半岛与京津和华北地区的重要节点，规划的滨海生态旅游度假区是滨海水城中的一部分，区域建设用海规划总面积52.05平方千米，其中填海面积25.45平方千米，水域及其他面积共26.60平方千米。规划总体目标为打造生态环境优美、充满发展活力，具有海洋城市特色，富有魅力的滨海生态旅游和宜居水城(图6-6)。

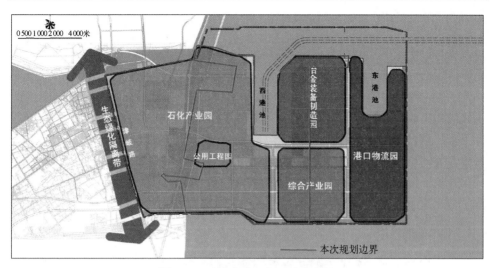

图 6-5　天津南港工业区功能布局

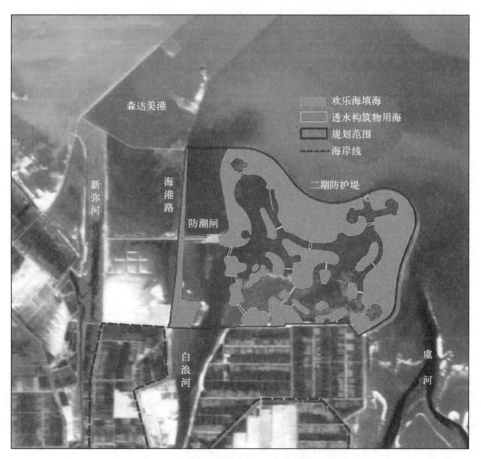

图 6-6　山东潍坊生态滨海旅游区平面示意

7. 山东烟台套子湾

项目位于中国山东半岛黄海之滨的烟台经济技术开发区，用海范围位于黄金海岸西段的金沙滩海域，南边界离岸 2.5 千米，北边界离岸约 5.87 千米，东西长约 3.11 千米，用海面积共计 8.48 平方千米，其中填海面积 7.08 平方千米，水域面积 1.08 平方千米，跨海桥梁用海 0.12 平方千米，海底隧道用海 0.20 平方千米。项目定位为以旅游文化为主导产业发展方向的产业聚集、环境友好的产业依存湾、生态涵养湾(图 6-7)。

图 6-7　山东烟台套子湾区域建设用海规划功能布局

8. 福建泉州港石井作业区和海峡科技生态城

南安市石井区域建设用海规划范围为石井镇东、南海域，东北起营前村东侧海域，经仙景村向西直至菊江村南部海域。规划用海类型为渔业用海、交通运输用海、旅游娱乐用海、围海造地用海、特殊用海及其他用海等，规划面积为 18.9 平方千米(其中造陆面积 16.68 平方千米)(图 6-8)。

9. 福建泉州市泉港区峰尾滨海新区

泉州市泉港区峰尾滨海新区区域建设用海规划区的范围东起峥嵘镇西侧海湾岬角，西至山腰盐场，北至省道 201 泉港区段，南至 2 米等深线所包含的潮间带海域。规划范围面积约 2.20 平方千米(图 6-9)。

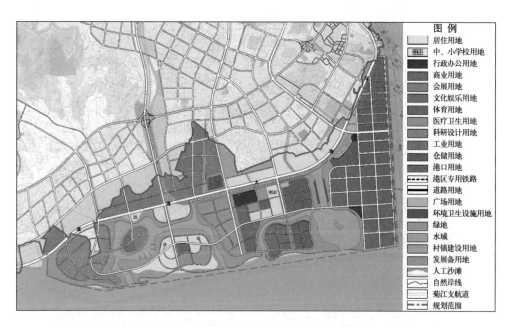

图 6-8　福建省泉州港石井作业区和海峡科技生态城区域用海规划布局

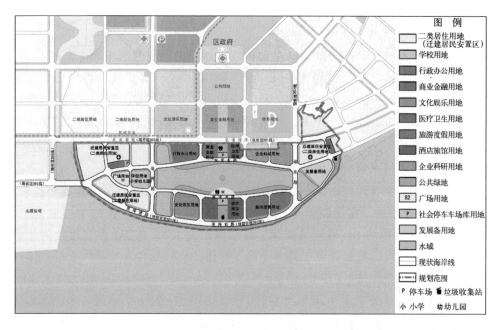

图 6-9　福建省泉州市泉港区峰尾滨海新区项目规划示意

10. 福建泉州港秀涂作业区人工岛

项目位于福建省东南沿海中部、泉州湾中部鞋沙浅滩区。规划面积 3.23 平方千米，旨在打造一个以多用途码头，发展港口航运业，布置建设 18 个 3.5 万~5 万吨级多用途泊位，并配套建设港区、仓储加工区(图 6-10)。

图 6-10　福建泉州秀涂人工岛示意

11. 广东汕头市东部城市经济带

汕头市东部城市经济带位于汕头市东部沿海地带，规划范围西起海湾大桥，东至莱芜半岛的连岛堤，北临现状海岸线，南以-3.5 米等深线为界，规划用海区位于 116° 45′ 49.91″—116° 50′ 59.38″E, 23° 19′ 28.25″—23° 25′ 46.91″N 之间。规划用海总面积 18.85 平方千米，规划实施后，规划区内陆域面积 14.79 平方千米，区内水域面积 4.06 平方千米(图 6-11)。

12. 广东江门市新会区银湖湾

项目位于广东省江门市新会区银湖湾，南濒南海，西邻台山市界约 100 米，距新会城区 50 千米，在银湖湾生态休闲旅游区内。包括 A、B 两个用地范围，其中 A 区用地面积约 10.38 平方千米，B 区面积为 1.49 平方千米。定位为旅游特色明显、服务设施配套齐全、游赏系统多样化，集科普教育—参观游览—体验活动于一体的新型旅游区(图 6-12)。

13. 海南海口湾南海明珠人工岛

项目位于海口湾湾口西侧，直线距离新国宾馆前方外海水域约 2 千米。规划面积 4.59 平方千米，旨在打造一个以邮轮母港功能为核心，集文化娱乐、商务休闲、康体度假于一体的国际综合性旅游海岛(图 6-13)。

图 6-11　广东省汕头市东部城市经济带区域建设用海总体规划

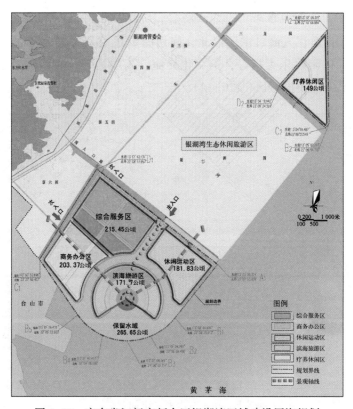

图 6-12　广东省江门市新会区银湖湾区域建设用海规划

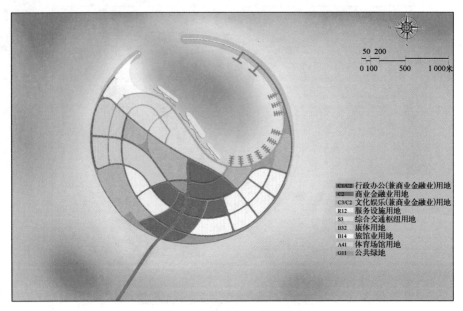

图 6-13　海南海口南海明珠

14. 海南海口市如意岛

项目位于南渡江入海口东侧以北。规划面积 7.15 平方千米，旨在打造一个以度假康体、休闲娱乐为核心，集文化交流、高端消费、时尚创意于一体的低碳、环保型高端旅游度假区(图 6-14)。

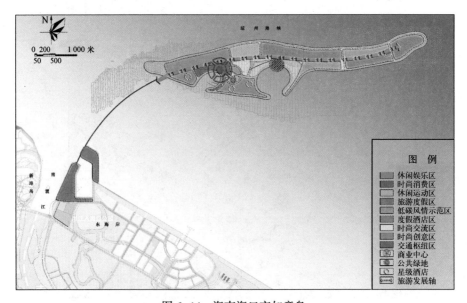

图 6-14　海南海口市如意岛

15. 海南儋州白马井海花岛旅游综合体

项目位于海南省儋州市排浦港与洋浦港之间的海湾区域，南起排浦镇，北至白马井镇，距离海岸 600 米。规划面积 7.93 平方千米，旨在打造一个集旅游与体育、观光与度假、娱乐与民俗相结合的高端旅游综合示范区(图 6-15)。

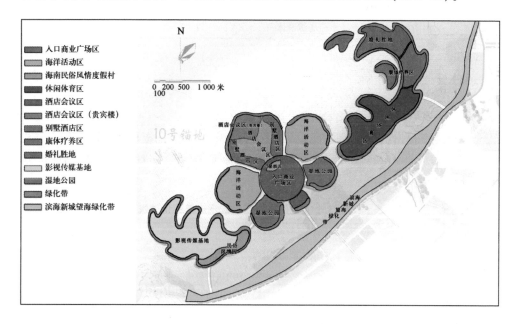

图 6-15　海南儋州白马井海花岛

表 6-1　15 个大型围填海工程情况

工程代码	项目名称	总面积(平方千米)	规划填海(平方千米)
1	辽宁辽滨沿海经济区	76.51	45.28
2	河北曹妃甸循环经济示范区	315.36	220.39
3	河北沧州渤海新区	117.21	74.57
4	天津滨海休闲旅游区	21.03	10.2
5	天津南港工业区	65	65
6	山东潍坊生态滨海旅游区	52.05	25.45
7	山东烟台套子湾	8.48	7.08
8	福建泉州港石井作业区和海峡科技生态城	18.9	16.68
9	福建泉州市泉港区峰尾滨海新区	2.20	1.71
10	福建泉州港秀涂作业区人工岛	3.23	3.23
11	广东汕头市东部城市经济带	18.85	14.79

续表

工程代码	项目名称	总面积(平方千米)	规划填海(平方千米)
12	广东江门市新会区银湖湾	11.87	11.87
13	海南海口湾南海明珠人工岛	4.59	2.65
14	海南海口市如意岛	7.15	7.15
15	海南儋州白马井海花岛旅游综合体	7.93	7.83

6.1.3　选址评价

1. 宏观选址评价

根据本章提出的围填海平面设计宏观选址评价方法，提取15个工程所在城市2010—2013年有关经济社会统计资料，分别计算9个宏观选址指标的评价分值。计算结果见表6-2。

表6-2　15个大型围填海工程宏观选址评价情况

工程代码	指标									宏观选址分值
	海陆面积比(0.028)	人口密度(0.018)	海上交通区位条件(0.031)	人均国内生产总值(0.12)	海岸线稀缺度(0.18)	单位岸线国内生产总值(0.19)	东海期望(0.11)	相应产业增长率(0.25)	区域海洋灾害(0.069)	
1	0.35	0.03	0.29	9.70	11.80	11.45	33.76	0.10	2.50	73.15
2	0.33	0.06	4.46	8.08	33.00	26.65	47.63	0.09	2.50	70.02
3	0.07	0.05	1.71	4.16	55.78	23.23	73.67	0.11	2.00	76.38
4	0.25	0.11	5.01	11.11	84.56	93.92	50.00	0.13	1.50	93.55
5	0.25	0.11	5.01	11.11	84.56	93.92	50.00	0.13	1.50	93.55
6	0.09	0.06	0.23	4.87	64.90	31.58	47.35	0.12	3.00	81.51
7	1.89	0.05	2.22	8.06	7.67	6.18	2.20	0.11	3.50	54.77
8	1.03	0.07	1.10	6.42	15.03	9.65	9.54	0.13	2.00	62.77
9	1.03	0.07	1.10	6.42	15.03	9.65	9.54	0.13	2.00	62.77
10	1.03	0.07	1.10	6.42	15.03	9.65	9.54	0.13	2.00	62.77
11	7.27	0.26	0.50	2.90	24.76	7.19	10.54	0.12	2.50	57.86
12	0.24	0.05	0.67	4.50	13.53	6.09	53.06	0.13	3.00	61.84
13	0.36	0.09	0.76	3.83	1.44	5.53	5.00	0.09	2.50	38.67
14	0.36	0.09	0.76	3.83	1.44	5.53	5.00	0.09	2.50	38.67
15	0.06	0.03	0.26	1.86	0.39	0.73	50.00	0.09	2.50	32.86

注：第一行括号中数值为指标的权重。下同。

15 个围填海工程的宏观选址评价分值结果见图 6-16。

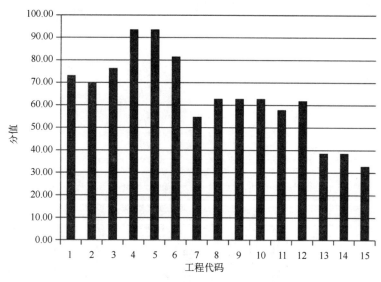

图 6-16　15 个大型围填海工程宏观选址评价分值

2. 微观选址评价

根据本章提出的围填海平面设计微观选址评价方法，依据 15 个围填海工程的海域使用论证报告和区域用海规划文本提供的有关数据，可计算得到 15 个工程的微观选址评价分值(表 6-3，图 6-17)。

表 6-3　15 个大型围填海工程微观评价情况

工程代码	指标						微观选址分值
	海洋水文条件(0.16)	海洋环境容量(0.29)	海洋地质类型(0.16)	生态敏感程度(0.32)	海洋功能区划符合性(0.042)	周边开发利用现状(0.024)	
1	11.32	9.72	12.68	16.02	1.39	1.66	52.78
2	2.26	29.17	14.49	16.02	4.17	2.49	68.59
3	11.32	19.45	10.87	32.03	1.39	1.66	76.71
4	6.79	19.45	16.30	32.03	4.17	2.49	81.23
5	13.58	19.45	14.49	16.02	4.17	1.66	69.36
6	15.84	9.72	12.68	16.02	4.17	1.66	60.09
7	9.05	9.72	10.87	32.03	1.39	2.49	65.55
8	4.53	19.45	12.68	16.02	4.17	0.83	57.67
9	4.53	9.72	10.87	0.00	1.39	1.66	28.16
10	4.53	9.72	7.24	16.02	4.17	2.49	44.17

工程代码	指标						微观选址分值
	海洋水文条件(0.16)	海洋环境容量(0.29)	海洋地质类型(0.16)	生态敏感程度(0.32)	海洋功能区划符合性(0.042)	周边开发利用现状(0.024)	
11	15.84	19.45	12.68	32.03	2.78	0.83	83.61
12	11.32	9.72	9.06	16.02	2.78	1.66	50.55
13	9.05	9.72	10.87	32.03	2.78	2.49	66.94
14	6.79	9.72	12.68	32.03	0.00	2.49	63.71
15	11.32	29.17	14.49	16.02	4.17	1.66	76.82

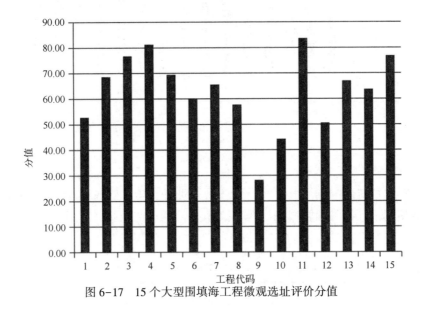

图 6-17　15 个大型围填海工程微观选址评价分值

3. 选址评价总分值

按照宏观选址和微观选址各占 50% 的权重，计算 15 个围填海工程选址评价总分值，结果见表 6-4。

根据计算结果可得，15 个工程中，天津的两个工程选址为优，沧州、汕头和潍坊 3 个工程选址为良，曹妃甸、辽滨、泉州港石井作业区和烟台 4 个工程选址为一般，其余 6 个工程选址为差。

表 6-4　15 个大型围填海选址评价综合分值及级别

工程名称	宏观综合分(0.5)	微观综合分(0.5)	综合分值	评价级别
天津滨海休闲旅游区	93.55	81.23	87.39	优
天津南港工业区	93.55	69.36	81.45	优

续表

工程名称	宏观综合分(0.5)	微观综合分(0.5)	综合分值	评价级别
河北沧州渤海新区	76.38	76.71	76.54	良
山东潍坊生态滨海旅游区	81.51	60.09	70.80	良
广东汕头市东部城市经济带	57.86	83.61	70.73	良
河北曹妃甸循环经济示范区	70.02	68.59	69.31	一般
辽宁辽滨沿海经济区	73.15	52.78	62.97	一般
福建泉州港石井作业区和海峡科技生态城	62.77	57.67	60.22	一般
山东烟台套子湾	54.77	65.55	60.16	一般
广东江门市新会区银湖湾	61.84	50.55	56.20	差
海南儋州白马井海花岛旅游综合体	32.86	76.82	54.84	差
福建泉州港秀涂作业区人工岛	62.77	44.17	53.47	差
海南海口湾南海明珠人工岛	38.67	66.94	52.80	差
海南海口市如意岛	38.67	63.71	51.19	差
福建泉州市泉港区峰尾滨海新区	62.77	28.16	45.47	差

6.1.4　规模评价

根据本章提出的围填海平面设计规模评价方法，依据 15 个围填海工程的海域使用论证报告和区域用海规划文本提供的有关数据，可计算得到 15 个工程规模评价分值(表 6-5)。

表 6-5　15 个大型围填海工程规模评价情况

工程代码	指标								规模评价分值
	填海强度(0.13)	海域利用效率(0.26)	岸线利用效率(0.13)	单位用海系数(0.31)	开发退让比例(0.028)	绿地率(0.041)	水系面积比例(0.068)	道路广场用地比率(0.034)	
1	12.66	17.50	12.66	0.00	0.00	0.00	6.77	0.00	49.59
2	12.66	17.50	12.66	20.89	0.00	1.37	6.77	0.00	71.84
3	12.66	17.50	12.66	0.00	0.00	0.00	6.77	1.12	50.71
4	0.00	17.50	4.22	31.33	0.95	0.00	6.77	1.12	61.89
5	12.66	26.25	8.44	31.33	0.00	0.00	0.00	3.37	82.04
6	12.66	26.25	12.66	0.00	1.90	0.00	6.77	1.12	61.36
7	12.66	26.25	12.66	20.89	2.85	1.37	4.52	1.12	82.31
8	8.44	8.75	12.66	0.00	2.85	0.00	4.52	0.00	37.21
9	0.00	8.75	4.22	0.00	2.85	0.00	6.77	0.00	22.59
10	12.66	26.25	12.66	0.00	2.85	4.12	2.26	0.00	60.79
11	4.22	17.50	8.44	10.44	0.00	0.00	6.77	0.00	47.37
12	8.44	17.50	4.22	20.89	2.85	0.00	6.77	2.25	62.91

工程代码	指标								规模评价分值
	填海强度 (0.13)	海域利用效率 (0.26)	岸线利用效率 (0.13)	单位用海系数 (0.31)	开发退让比例 (0.028)	绿地率 (0.041)	水系面积比例 (0.068)	道路广场用地比率 (0.034)	
13	12.66	26.25	12.66	10.44	2.85	1.37	6.77	3.37	76.37
14	12.66	26.25	12.66	0.00	2.85	0.00	0.00	2.25	56.65
15	12.66	8.75	12.66	31.33	2.85	0.00	2.26	2.25	72.74

根据计算结果可得，15个工程中，烟台套子湾和天津南港2个工程规模设计为优，海口湾南海明珠、海花岛和曹妃甸3个工程规模设计为良，有4个工程规模设计为一般，6个为差(表6-6)。

表6-6　15个大型围填海工程规模评价综合分值及级别

工程名称	综合分值	评价级别
山东烟台套子湾	82.31	优
天津南港工业区	82.04	优
海南海口湾南海明珠人工岛	76.37	良
海南儋州白马井海花岛旅游综合体	72.74	良
河北曹妃甸循环经济示范区	71.84	良
广东江门市新会区银湖湾	62.91	一般
天津滨海休闲旅游区	61.89	一般
山东潍坊生态滨海旅游区	61.36	一般
福建泉州港秀涂作业区人工岛	60.79	一般
海南海口市如意岛	56.65	差
河北沧州渤海新区	50.71	差
辽宁辽滨沿海经济区	49.59	差
广东汕头市东部城市经济带	47.37	差
福建泉州港石井作业区和海峡生态科技城	37.21	差
福建泉州市泉港区峰尾滨海新区	22.59	差

6.1.5　形态评价

根据本章提出的围填海平面设计平面形态评价方法，依据15个工程的海域使用论证报告和区域用海规划文本提供的有关数据，计算可得15个工程平面形态评价分值(表6-7)。

根据计算结果可得，15个工程中，潍坊、儋州、汕头等8个工程规模设计为优，天津滨海、辽滨、泉州港秀涂作业区等4个工程规模设计为良，曹妃甸、沧州和天津南港 3 个为一般(表 6-8)。

表 6-7　15 个大型围填海工程形态评价情况

| 工程代码 | 特征系统(0.589 9) | | | | 机制系统(0.410 1) | | | 形态评价分值 |
	海岸关系(0.17)	填海形态(0.16)	结构形式(0.14)	岸线形式(0.12)	生态岸线指数(0.12)	间距系数(0.13)	水体交换力(0.16)	
1	14.69	12.45	14.04	10.05	7.00	8.06	12.71	79.00
2	14.69	9.34	9.69	7.87	7.00	8.06	12.71	69.36
3	14.69	9.34	8.14	7.87	7.00	8.06	9.53	64.63
4	17.28	9.34	9.69	7.87	7.00	12.10	14.30	77.58
5	10.2	9.3	9.7	7.9	7.0	8.1	9.5	61.70
6	17.3	15.6	11.3	12.1	11.7	10.8	12.7	91.40
7	17.3	13.1	9.7	10.3	7.0	12.1	12.7	82.10
8	14.69	15.56	9.69	12.11	7.01	9.41	14.30	82.77
9	14.69	15.56	9.69	10.29	7.01	10.75	14.30	82.29
10	17.28	9.34	8.14	7.87	7.00	10.75	14.30	74.68
11	14.69	15.56	9.69	12.11	8.18	9.41	14.30	83.94
12	13.1	11.8	9.7	7.9	7.0	8.1	14.3	71.90
13	17.28	13.07	11.37	10.29	8.17	10.75	9.53	80.46
14	17.28	15.56	11.37	10.29	7.00	10.75	11.12	83.37
15	17.28	15.56	14.04	12.11	80	10.75	12.71	88.61

表 6-8　15 个大型围填海工程形态评价综合分值及评价级别

工程名称	综合分值	评价级别
山东潍坊生态滨海旅游区	91.40	优
海南儋州白马井海花岛旅游综合体	88.61	优
广东汕头东部城市经济带	83.94	优
海南海口市如意岛	83.37	优
福建泉州市港石井作业区和海峡科技生态城	82.77	优
福建泉州市泉港区峰尾滨海新区	82.29	优
山东烟台套子湾	82.10	优
海南海口湾南海明珠人工岛	80.46	优
辽宁辽滨沿海经济区	79.00	良
天津滨海休闲旅游区	77.58	良
福建泉州港秀涂作业区人工岛	74.68	良
广东江门市新会区银湖湾	71.90	良
河北曹妃甸循环经济示范区	69.36	一般
河北沧州渤海新区	64.63	一般
天津南港工业区	61.70	一般

6.1.6　综合评价结论

每个工程围填海平面设计总分值＝0.4×选址评价＋0.2×规模评价＋0.4×形态评价，计算结果见表6-9。

表6-9　15个大型围填海平面设计分值及级别

工程名称	选址评价 （0.4）	规模评价 （0.2）	形态评价 （0.4）	总分值	评价级别
辽宁辽滨沿海经济区	25.19	9.92	31.60	66.70	一般
河北曹妃甸工业区	27.72	14.37	27.74	69.84	一般
河北沧州渤海新区	30.62	10.14	25.85	66.61	一般
天津海滨休闲旅游区	34.96	12.38	31.03	78.37	良
天津南港工业区	32.58	16.41	24.68	73.67	良
山东潍坊生态滨海旅游区	28.32	12.27	36.56	77.15	良
山东烟台套子湾	24.06	16.46	32.84	73.36	良
福建泉州港石井作业区和海峡科技生态城	24.09	7.44	33.11	64.64	一般
福建泉州市泉港区峰尾滨海新区	18.19	4.52	32.92	55.62	差
福建泉州港秀涂作业区人工岛	21.39	12.16	29.87	63.42	一般
广东汕头市东部城市经济带	28.29	9.47	33.58	71.34	良
广东江门市新会区银湖湾	22.48	12.58	28.76	63.82	一般
海南海口市海口湾南海明珠人工岛	21.12	15.27	32.18	68.58	一般
海南海口市如意岛	20.48	11.33	33.35	65.15	一般
海南儋州白马井海花岛旅游综合体	21.94	14.55	35.44	71.93	良

根据综合评价结果可知，15个大型围填海评价工程中，分值最高的是天津滨海休闲旅游区，评价分值为78.37，其次为山东潍坊生态滨海旅游区、天津南港工业区和海南儋州白马井海花岛旅游综合体等。15个工程中有6个总评价结果为良，8个为一般，1个为差。15个工程的平均分值为68.68，总体为一般。

将每个工程的评价结果与项目实施情况进行比对分析可以发现，总体得分较高的围填海工程，后期实施往往比较顺利，如天津滨海休闲旅游区、天津南港工业区、海南儋州白马井海花岛旅游综合体等，目前均已取得预期的收益。这表明：①本章提出的30个指标的综合评价指标体系和方法基本合理，应用该方法进行的回顾性评价结果符合实际情况；②大型围填海工程必须注重围填海平面设计的各个环节和各个方面，只有在选址、规模设计和平面形态设计等方面均进行了科学规划和设计后，才能取得预期的效果，减少对海洋环境的影响，获取最大的投资回报。

6.2　典型围填海工程平面形态设计与优化
——以东营海上新城为例

　　东营市作为黄河三角洲高效生态经济区的核心区域和山东半岛蓝色经济区的重要前沿城市，是山东省唯一全部纳入黄蓝两大国家战略的城市。东营市委、市政府提出了"黄蓝融合、海陆统筹、一体发展"的工作思路，确定了"再造一个新东营"的奋斗目标。东营海上新城的前期工程外围防波堤已经获得国务院批准并取得海域使用权，根据东营市政府的总体发展战略，计划在防波堤内部 120 平方千米海域内规划设计东营海上新城，建设开敞式亲水景观填海区域，彻底改变东营市临海不见海的现状，推动东营市滨海海洋经济持续发展。

6.2.1　区域海洋资源环境概况

1. 区域位置

　　东营市位于山东省北部（图 6-18），为黄河入海口，辖东营区、河口区、广饶县、垦利县和利津县两区三县，全市陆域国土面积 8 053 平方千米，海洋国土面积 6 000 平方千米，人口 184 余万，被誉为"石油之城、生态之城和黄河水城"，是黄河三角洲的核心区域和中心城市。规划填海区域地处黄河三角洲莱州湾西岸广利河的东侧，属东营市东营区、广饶县海域（图 6-19）。

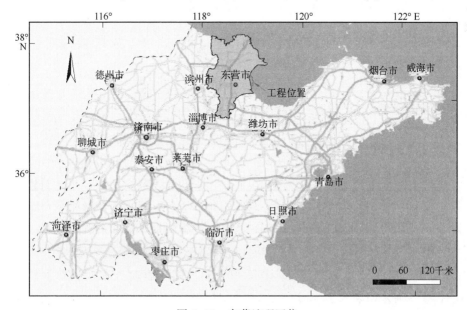

图 6-18　东营地理区位

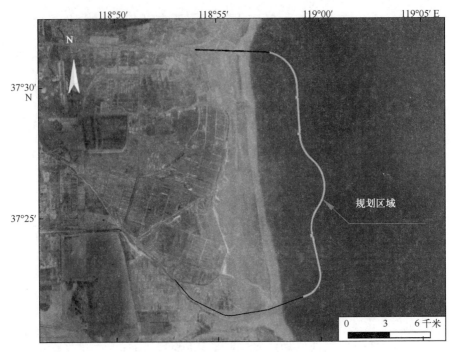

图6-19　规划填海区域范围

2. 地质地貌、气候和水文

规划填海区内沿海地带地势平坦，粉砂淤泥质潮滩宽阔，海底浅平，总趋势为西南高，东北低，自然坡降在1/8 000～1/12 000；潮汐类型为不规则半日潮；矿产资源以石油、天然气和地下卤水最为丰富；地下水以咸水为主，淡水缺乏；滩涂生物资源以贝类为主，浅海以虾、蟹为主；周边海域内生物体质量较好，污染物残留水平较低。东营市属第四纪沉积地貌，地势沿黄河走向自西南向东北倾斜。沿岸水浅、滩宽、地势平坦，总体自然坡降平均为1/1 500，沉积物以泥质粉砂和沙质粉砂为主，泥质粉砂占78%，沙质粉砂占22%，滩涂土质易于压实，通透性差，区域内海湾较少。东营市地处中纬度，背陆面海，属暖温带大陆性季风气候，气候温和，四季分明，日照充足，年平均日照时间2 962.5小时，多风，境内南北气候差异不明显，年平均气温约12.8 ℃，降水量年际变化大，年平均降水量550～600毫米，多集中在夏季。东营市沿海位于半封闭的渤海内部，海水温度、盐度受大陆气候和黄河径流的影响较大。冬季沿岸有3个月冰期，海水流冰范围为5～10海里，春季海水温度为12～20℃，盐度为22～31，夏季海水温度为24～28℃，盐度为21～30，黄河入海口附近常年存在低温低盐水舌，春季近岸水温高于远岸，秋季相反，海水透明度为32～55厘米。东营大部分岸段的潮汐属不规则半日潮，每日出现的高低潮差一般为 0.2 ~ 2 米，大潮多发生于 3—4 月和 7—11 月，潮位最高超过 5 米。

3. 海洋资源

东营市海岸线长 413 千米。-15 米等深线以内浅海面积 4 800 平方千米，占全省的 1/3。滩涂面积 180 万亩(1 亩 ≈ 666.7 平方米)，占全省的 2/3。现已控制含油面积 64.9 平方千米，是我国最大的浅海油田。浅层卤水资源丰富，新探明的盐矿储量达 5 800 亿吨，是国内第二大盐矿。黄河由此入海，形成了生态最活跃的高产区，生物资源、旅游资源丰富。同时，全市土地后备资源以及地热等矿产资源主要分布在沿海地区，发展海洋经济优势突出。东营商用港口主要为东营港、广利港；渔用港口主要为东营中心一级渔港、广利一级渔港及红光、小岛河、刁口、支脉河等中小渔港。

东营市所辖海域滩涂资源丰富，且分布集中成片，处于缓慢淤涨状态，滩涂总面积约 1 200 平方千米。滩涂作为海洋生态结构的重要组成部分，不仅具有调节气候、纳潮分洪、抵御风暴潮的作用，更有对污染物稀释扩散的自净作用。这些海涂为海水养殖业的发展创造了自然条件，同时也是后备的土地资源来源。

4. 开发利用现状

海域东北 5.5 千米为山东黄河三角洲国家级自然保护区，以东 4.2 千米为东营莱州湾蛏类生态国家级海洋特别保护区，以南 0.6 千米为东营广饶沙蚕类生态国家级海洋特别保护区。规划区域现有东营观海栈桥、广饶县海堤工程、永丰河防洪南堤工程、广利河防洪北堤工程、山东大唐国际东营风电一期工程等项目(图 6-20)。

东营观海栈桥位于东营市黄河路东端，起点位于现防潮堤以东 3 500 米处，全长 5 450 米，宽 10.5 米。观海栈桥的建设使陆域与海域、市区与大海连接，改变了"临海靠海不见海"的局面，为黄河口增添新美景。本防波堤西侧 3.9 千米，距离永丰河口约 7.5 千米处有一处进海路，长度约 1.5 千米。山东大唐国际东营风电一期工程坐落于东营市防潮大堤明源闸北 100 米处，年发电量达到 0.96 亿千瓦时。项目附近海域有红光渔港、广利渔港。红光渔港依托永丰河而建，为桩基式渔港，重点以渔业捕捞、运输、交易为主，港内建有加油站、冷藏厂、饮食服务等配套设施，可与渤海各港通航。码头长 1 200 米，港池面积 60 公顷，陆域面积 21.6 公顷。广利渔港始建于 1984 年，是胜利油田按照商港标准设计建设的。广利渔港港区南北长 2 500 米，东西宽 200 米，水域可利用面积 45×10⁴ 平方米，港区有大小码头 3 处，码头总长 870 米。

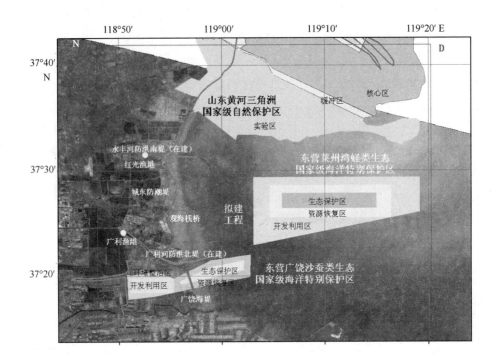

图 6-20　东营海上新城所在海域开发利用现状

目前规划填海区域内具有以下自然资源优势。

(1)油井路景观条件十分优越,然而无法对游客开放。可规划游船线路,观赏海上油井。

(2)观海栈道初具基础,可作为滨海旅游项目的起步点,目前已吸引一定数量的家庭周末游游客。

(3)滨海大道岸线滩涂海域生态治理与开发利用、滨海观光旅游可利用红海滩资源与湿地景观资源。

(4)围海大堤(防洪堤)可进行升级改造,为填海工程提供海域掩护条件,同时可以作为滨海观光的廊道。

6.2.2　规划平面设计方案定量评价

1. 评价方法

从海洋生态环境、经济效益和社会影响三个方面分别设定有关评价指标,在建立多指标评价体系的基础上,采用专家打分法,对围填海工程的形状、位置关系、组合方式、水陆比及人工岛数量等进行综合评价,确定本工程的围填海平面设计方案。建立的评价指标体系见表 6-10。

表 6-10　平面设计方案评价指标

序号	评价内容	评价指标	指标含义
1		边界形状改变	围填海区块边界形状保持的难易程度
2	海洋	局部冲淤改变	围填海局部冲淤条件
3	自然	水动力环境影响程度	对原海域潮汐潮流场影响程度
4	生态	污染物扩散	围填海形成污染物扩散速度
5	环境	防浪抗灾	围填海工程对海浪和风暴潮等灾害的耐受性
6	评价	生物多样性	围填海区域是否有利于重新营造生物多样性的环境
7		自然景观	围填海区域营造的自然景观价值
8		投资强度	围填海区单位面积投资额
9	经济	开发建设周期	围填海工程开发建设的周期
10	效益	出地率	围填海工程可以形成的有效利用土地面积比例
11	评价	岸线长度	围填海工程新营造的海岸线长度
12		施工难易	围填海工程施工的难度
13	社会	交通联系便捷度	围填海工程内部以及与周边陆域的交通便利度
14	评价	基础设施配套难易度	围填海工程基础设施配套难易程度
15		人文景观丰富度	围填海工程内部人文景观的多寡

　　针对表 6-10 中的 15 个具体评价指标，在本案例平面设计方案研究中，邀请物理海洋、海洋生态环境、海洋经济、城市规划、海洋管理等多个领域的专家，分别对案例围填海平面设计中的填海形状、位置关系、水陆比及人工岛数量等进行特征情形打分，分值为 1~5 分，其中 1 分为差，5 分为最优，计算出得分最高的设计方案。

　　2. 填海区域的平面形状评价

　　采用以上方法，对三角形、矩形、圆形、新月形、锯齿形及有机形分别进行评价。

　　根据综合评分结果（表 6-11），推荐使用的填海形状是圆形、三角形和有机形。三角形和圆形在经济效益方面的分数较高，因为这些形状易于施工，成本较低，对水动力和生态环境的影响相对较小，比较便于岛内的平面布置。有机形是最为美观和谐的岛屿形态，对生态环境的破坏也较小，但是建设难度较大，成本较高。新月形和锯齿形岛屿岸线最长，是港口适宜使用的形态。

表 6-11　东营海上新城填海形状综合评价

评价内容	评价指标	三角形	矩形	圆形	新月形	锯齿形	有机形
海洋自然生态环境评价	边界形状改变	2	1	3	1	1	2
	局部冲淤改变	2	2	4	2	1	3
	水动力环境影响程度	3	2	4	2	1	3
	污染物扩散	3	2	3	2	1	3
	防浪抗灾	3	3	4	2	1	3
	生物多样性	3	2	2	3	4	5
	自然景观	2	1	2	4	3	5
经济效益评价	投资强度	1	5	4	3	2	1
	开发建设周期	4	4	4	3	2	1
	出地率	—	—	—	—	—	—
	岸线长度	3	2	1	4	5	4
	施工难易	4	4	4	3	2	2
社会评价	交通联系便捷度	3	3	3	2	2	1
	基础设施配套难易度	3	3	3	1	1	2
	人文景观丰富度	1	1	1	3	2	4
总分		38	35	42	35	28	39

3. 填海区域的位置关系评价

对岛岸关系和岸线形式等分别进行评价，结果见表 6-12 和表 6-13。

表 6-12　东营海上新城岛岸关系综合评价

评价内容	评价指标	平推	截弯取直	相连	相离
海洋自然生态环境评价	边界形状改变	1	3	2	4
	局部冲淤改变	1	2	3	4
	水动力环境影响程度	1	2	3	4
	污染物扩散	1	2	3	4
	防浪抗灾	2	3	2	1
	生物多样性	2	1	3	4
	自然景观	1	2	3	4
经济效益评价	投资强度	3	3	2	1
	开发建设周期	4	3	2	1
	出地率	4	3	2	2
	岸线长度	2	1	3	4
	施工难易	3	3	1	1

评价内容	评价指标	平推	截弯取直	相连	相离
社会评价	交通联系便捷度	3	3	2	1
	基础设施配套难易度	3	3	2	1
	人文景观丰富度	2	1	3	4
总分		33	35	36	40

　　根据统计评分，人工岛最佳的布置方式是与海岸线相离，这种方式对生态环境以及海岸景观的破坏最小，所形成的海岸线也最长，可以自成一景，是目前围填海最为推崇的一种方式。然而这种方式建设成本较高，与陆地和其他岛屿的交通联系需要桥梁或者船只，布置各类市政设施的难度较大。但是从可持续发展的角度来看，离岸式人工岛还是最可取的。

表 6-13　东营海上新城岸线形式综合评价

评价内容	评价指标	直线型	弧线型	自然型
海洋自然生态环境评价	边界形状改变	1	2	3
	局部冲淤改变	1	2	3
	水动力环境影响程度	1	2	3
	污染物扩散	1	2	3
	防浪抗灾	1	2	3
	生物多样性	1	2	3
	自然景观	1	2	3
经济效益评价	投资强度	3	2	1
	开发建设周期	3	2	1
	出地率	2	2	2
	岸线长度	1	2	3
	施工难易	3	2	1
社会评价	交通联系便捷度	3	2	2
	基础设施配套难易度	3	2	1
	人文景观丰富度	1	2	3
总分		26	30	35

　　岸线形式的选择最优的是自然型，其次是弧线型，次之是直线型。自然型最有利于海岸生态的保护和景观的营造，但是建设成本相对较高。一些特殊的功能会要求岸线形式是直线型或弧线型，这时候就要因地制宜，根据具体要求进行设计。

4. 填海区域人工岛组合方式评价

对单岛、双岛及多岛的组合方式分别进行评价。

在单岛模式评价中(表6-14),分值最高的是多块式,它生态效益、经济效益均优,但是开发成本相对整块式较高。整块式经济效益良好,投资强度低、周期短、易施工,但对水动力影响较大,对生态环境的影响也相对显著。内湾式经济效益评价基本接近多块式,但内湾式港口不利于污染物的扩散,可能导致后期维护成本高。

表6-14　东营海上新城单岛模式综合评价

评价内容	评价指标	整块式	多块式	内湾式
海洋自然生态环境评价	边界形状改变	2	2	2
	局部冲淤改变	—	—	—
	水动力环境影响程度	1	2	3
	污染物扩散	3	2	1
	防浪抗灾	1	2	1
	生物多样性	1	2	2
	自然景观	1	2	2
经济效益评价	投资强度	3	2	2
	开发建设周期	3	2	2
	出地率	3	1	2
	岸线长度	1	3	2
	施工难易	3	2	2
社会评价	交通联系便捷度	1	3	1
	基础设施配套难易度	1	2	2
	人文景观丰富度	1	2	2
总分		25	29	26

由表6-15可知,在双岛模式评价中,大+小式以及等大式是最好的选择,其次是半包含式,再次是包含式(图6-21)。主要评价差异集中在生态环境评价上。越是为包含的岛的形式,其生态环境评价越差,意味着对生态的破坏越大。但半包含式有着较长的岸线,可以为经济带来一定收益。

在多岛模式评价中,散布式(表6-16,图6-22)的布置为最优方案。首先,它对生态环境的影响较小,因其沿岸散布中间多水,对水动力影响较小,而且有利于排污、维持生物多样性。其次,经济效益的评价也良好,但是其社会评价较低,主要是由于交通联系不便利以及基础设施配套难度大。而这点在并联式、串联式的布置方案中得到了很好的弥补。

表 6-15　东营海上新城双岛模式综合评价

评价内容	评价指标	大+小	等大	半包含（迎水）	半包含（背水）	包含
海洋自然生态环境评价	边界形状改变	4	4	2	2	3
	局部冲淤改变	4	4	3	3	1
	水动力环境影响程度	4	4	3	3	1
	污染物扩散	4	4	3	3	1
	防浪抗灾	3	3	2	2	1
	生物多样性	3	3	4	4	4
	自然景观	4	4	3	3	3
经济效益评价	投资强度	3	3	2	2	2
	开发建设周期	3	3	2	2	2
	出地率	3	3	3	3	4
	岸线长度	3	3	4	4	2
	施工难易	3	3	2	2	1
社会评价	交通联系便捷度	3	3	3	3	3
	基础设施配套难易度	3	3	3	3	4
	人文景观丰富度	3	3	3	3	3
总分		50	50	42	42	35

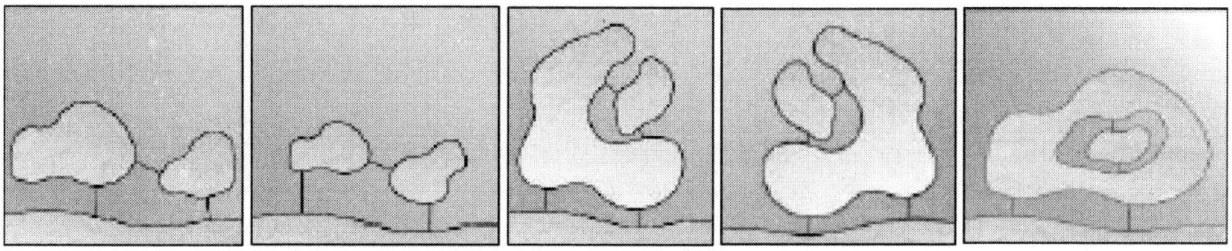

大+小　　　等大　　　半包含（迎水）　　　半包含（背水）　　　包含

图 6-21　东营海上新城双岛模式示意

表 6-16　东营海上新城多岛模式综合评价

评价内容	评价指标	串联式	并联式	放射式	散布式	复合式
海洋自然生态环境评价	边界形状改变	3	3	3	4	4
	局部冲淤改变	3	3	3	4	4
	水动力环境影响程度	3	3	3	5	4
	污染物扩散	3	2	3	5	3
	防浪抗灾	4	4	4	3	3
	生物多样性	3	3	3	4	5
	自然景观	3	2	3	5	5

续表

评价内容	评价指标	串联式	并联式	放射式	散布式	复合式
经济效益评价	投资强度	5	4	3	3	2
	开发建设周期	5	4	3	3	2
	出地率	4	4	4	2	4
	岸线长度	3	3	4	5	4
	施工难易	5	4	3	3	2
社会评价	交通联系便捷度	4	5	3	2	2
	基础设施配套难易度	4	5	3	2	2
	人文景观丰富度	2	2	3	5	4
总分		54	51	48	55	51

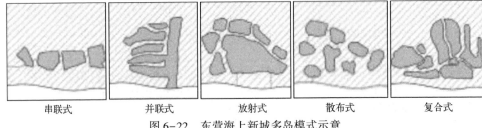

| 串联式 | 并联式 | 放射式 | 散布式 | 复合式 |

图 6-22　东营海上新城多岛模式示意

5. 东营海上新城人工岛规模和数量评价

对工程防波堤内部的填海比例、人工岛数量、人工岛组合方式进行评价。

将围堤内部的水陆比设定为 90%、70%、60%、40%，并对不同水陆比分别进行比较分析，结果见表 6-17。

表 6-17　东营海上新城围堤内水陆比综合评价

评价内容	评价指标	水陆比			
		90%	70%	60%	40%
海洋自然生态环境评价	边界形状改变	1	2	3	4
	局部冲淤改变	1	2	3	4
	水动力环境影响程度	1	2	3	4
	污染物扩散	1	2	3	4
	防浪抗灾	4	3	2	2
	生物多样性	2	2	3	3
	自然景观	1	2	3	4
经济效益评价	投资强度	1	2	3	4
	开发建设周期	1	2	3	4
	出地率	4	3	2	1
	岸线长度	4	3	2	1
	施工难易	2	2	3	3
社会评价	交通联系便捷度	2	2	3	3
	基础设施配套难易度	2	2	3	4
	人文景观丰富度	3	3	3	3
总分		30	34	42	48

围堤内水陆比最佳的选择是 40%，评价分值随着岛面积的扩大而逐渐减小。从经济效益上来评价，水陆比越小，所围的填海面积越大，但是造价以及周期会比较长。从对环境的友好程度来讲，水陆比越大，水动力对岛造成的影响越小。同时从自然景观方面来讲，岛的面积和水的面积越接近，景观效果越好。

将围堤内部人工岛数量设定为 1、2、4、8，并对其进行比较分析，结果见表 6-18。

从评分上看，岛的数量并非是越多越好。虽然数量的增多会带来更多的景观以及物种多样性，但也变相增加了交通的难度以及经济投入。在此评分体系里，适中的岛的数量在 4 个左右。

表 6-18　东营海上新城围堤内人工岛数量综合评价

评价内容	评价指标	人工岛数量(个)			
		1	2	4	8
海洋自然生态环境评价	边界形状改变	4	3	3	2
	局部冲淤改变	1	2	3	4
	水动力环境影响程度	1	2	3	4
	污染物扩散	1	2	3	1
	防浪抗灾	1	2	3	3
	生物多样性	1	2	3	4
	自然景观	1	2	3	4
经济效益评价	投资强度	4	3	2	1
	开发建设周期	4	3	2	1
	出地率	2	2	2	2
	岸线长度	1	2	3	4
	施工难易	4	3	2	1
社会评价	交通联系便捷度	4	3	2	1
	基础设施配套难易度	4	3	2	1
	人文景观丰富度	1	2	3	3
总分		34	36	39	36

对围堤内部人工岛相对位置设定为偏向岸、偏向堤、偏北侧、偏南侧，并对其分别进行比较分析，结果见表 6-19。

在对岛的位置评价中，各种位置并没有体现出比较明显的差异，相对而言，偏向堤这种形式的围填海形式比较好一些。各项的评分较为平衡。同时，从平面设计的角度来看，偏向堤的布局比较均衡。

总结以上定量评价可形成以下结论，以供具体设计方案时参考。

(1)推荐使用的填海形状是圆形、有机形。

(2)人工岛最佳的布置方式是与海岸线相离。

(3)岸线形式的选择最优的是自然型，其次是弧线型，次之是直线型。

（4）单岛评价中，最高的是多块式；双岛评价中，大+小式以及等大式是最好的选择，其次是半包含式，再次是包含式。

（5）多岛位置评价中，散布式的布置为最优方案。

（6）围堤内水陆比最佳的选择是40%，评价分值随着岛面积的扩大而减小。

（7）从评分上看，岛的数量并非是越多越好。

表 6-19　东营海上新城围堤内人工岛位置综合评价

评价内容	评价指标	偏向岸	偏向堤	偏北侧	偏南侧
海洋自然生态环境评价	边界形状改变	2	2	2	3
	局部冲淤改变	1	3	2	2
	水动力环境影响程度	1	3	2	2
	污染物扩散	1	3	2	2
	防浪抗灾	2	3	2	2
	生物多样性	2	2	2	2
	自然景观	1	3	2	2
经济效益评价	投资强度	3	1	2	2
	开发建设周期	3	1	2	2
	出地率	2	2	2	2
	岸线长度	2	2	2	2
	施工难易	3	2	2	2
社会评价	交通联系便捷度	3	1	2	2
	基础设施配套难易度	3	1	2	2
	人文景观丰富度	2	3	2	2
总分		31	32	31	31

6.2.3　典型工况水交换率的数值模拟

根据以上研究结论设计多种平面设计方案，对方案的水交换率进行数值模拟分析，在此基础上进一步提出平面设计的优化建议。

1. 典型工况设计

共设计3种典型工况。

（1）东营市滨海生态城规划方案一如图6-23（a）所示，图中规划城区的大岛用海面积约为38平方千米，小岛用海面积约为3.6平方千米。大岛区域可用于建设住宅区及配套设施，小岛区域可建设酒店及娱乐场所，岛与岛之间、岛与陆地之间、岛与防波堤之间可铺设公路、桥梁，以确保规划的整体性。为方便模型计算，规划方案只提供可建岛屿的大体轮廓，具体工况可设计为日月岛的样式。

（2）东营市滨海生态城规划方案二如图6-23（b）所示，图中规划城区的上、下大岛的用海面积约为 16 平方千米，中间岛用海面积约为 4.5 平方千米。上下大岛区域可用于建设住宅区及配套设施，小岛区域可建设大型商场、酒店及游乐场所，岛与岛之间、岛与陆地之间、岛与防波堤之间可铺设公路、桥梁，以确保规划的整体性。为方便模型计算，规划方案只提供可建岛屿的大体轮廓，规划方案二中的岛屿形状可设计为海鸟形。

（3）东营市滨海生态城规划方案三如图 6-23（c）所示，图中规划城区各岛的面积从 0.1 平方千米至 7.8 平方千米不等。根据不同岛的大小可选择性建设住宅区、商业区、旅游区等，城区下方的岛群可用于建设高端酒店及别墅区，岛与岛之间、岛与陆地之间、岛与防波堤之间可铺设公路、桥梁，以确保规划的整体性。为方便模型计算，规划方案三只提供可建岛屿的大体轮廓，各岛屿可按所需建筑的情况设计形状及交通链接。

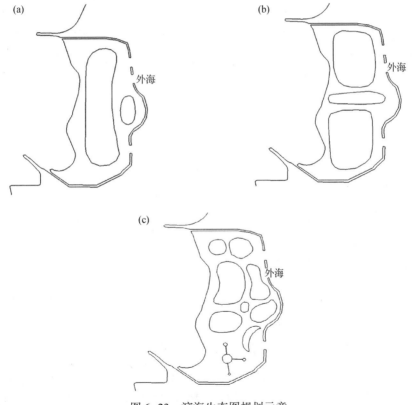

图 6-23　滨海生态图规划示意

（a）规划方案一；（b）规划方案二；（c）规划方案三

2. 数学模型的建立

本章选用适合水工构筑物建设的海洋水动力过程模拟的数值模型 FVCOM 为

主要模型基础，在充分考虑东营海域的边界条件、工程布置等条件后，针对东营滨海生态城确定和设计进行数值模拟，在实测观测数据的率定和验证下，确定数值模型的基本参数，对规划实施前后区域水体交换的影响进行数值模拟计算。

　　本章采用的模型 FVCOM 是采用有限体积计算方法，使用无结构三角形网格，适应于小尺度数值模拟，尤其可以刻画出滨海生态城布置的具体形状的数值模拟。FVCOM 数值模型采用模块化程序结构设计，具有强大的三维海洋环境模拟功能，能广泛地应用。该模型主要包括：湍流模块，数值同化模块，3-D 干湿网格处理模块，3-D 泥沙输运计算模块，水质模块，生态模块，拉格朗日质子追踪模块，开边界处理模块，卡迪尔坐标模块，并行计算模块，Netcdf 数据处理模块，后处理绘图模块等，功能较为全面且强大。

　　FVCOM 模型采用内外模态分开计算的形式，由于海洋中外波传播速度快于内波，故内模用于计算三维流速结构，其计算步长长于外模的时间步长。首先通过 SMS 软件制作网格，网格的制作根据具体的岸线分布、水深分布、工程布置要求进行制作和设计，模型分辨率在滨海生态城附近得到提高，在工程区域具有较高的分辨率，网格分辨率小于 80 米。

　　模型采用以下控制方程组：

$$\frac{\partial u}{\partial t} + u\frac{\partial u}{\partial x} + v\frac{\partial u}{\partial y} + w\frac{\partial u}{\partial z} - fv =$$

$$-\frac{1}{\rho_0}\frac{\partial P}{\partial x} + \frac{\partial}{\partial z}(K_m\frac{\partial u}{\partial z}) + \frac{\partial}{\partial x}(A_m\frac{\partial u}{\partial x}) + \frac{\partial}{\partial x}(A_m\frac{\partial v}{\partial x}) - \frac{\partial\Omega}{\partial x} \qquad (6-1)$$

$$\frac{\partial v}{\partial t} + u\frac{\partial v}{\partial x} + v\frac{\partial v}{\partial y} + w\frac{\partial v}{\partial z} + fu =$$

$$-\frac{1}{\rho_0}\frac{\partial P}{\partial y} + \frac{\partial}{\partial z}(K_m\frac{\partial v}{\partial z}) + \frac{\partial}{\partial y}(A_m\frac{\partial u}{\partial y}) + \frac{\partial}{\partial y}(A_m\frac{\partial v}{\partial y}) - \frac{\partial\Omega}{\partial y} \qquad (6-2)$$

$$\frac{\partial P}{\partial z} = -\rho g \qquad (6-3)$$

$$\frac{\partial u}{\partial x} + \frac{\partial v}{\partial y} + \frac{\partial w}{\partial z} = 0 \qquad (6-4)$$

$$\rho = \rho(T, S, P) \qquad (6-5)$$

　　其中，式(6-1)和式(6-2)为水平动量方程组；式(6-3)是垂向上的动量方程，本模型采用静压近似进行计算；式(6-4)是不可压缩流体的连续方程。由于模型仅考虑正压，因此温盐可以看作常值，密度相应也为常值。以上各式中 f 为科氏参数，K_m 为垂向涡动黏性系数，A_m 为水平涡动黏性系数，Ω 为引潮势。

　　FVCOM 的边界条件包括表面边界条件和海底边界条件。具体边界条件控制方程如下所示。

表面边界条件为

$$w = \frac{\partial \zeta}{\partial t} + u \frac{\partial \zeta}{\partial x} + v \frac{\partial \zeta}{\partial y}, \quad 其中 z = \zeta(x, y, t) \tag{6-6}$$

式(6-6)表示的是表面垂向速度和水位之间的关系。

海底边界条件为

$$K_m \left(\frac{\partial u}{\partial z}, \frac{\partial v}{\partial z} \right) = \frac{1}{\rho_0} (\tau_{bx}, \tau_{by}), \quad w = -u \frac{\partial H}{\partial x} - v \frac{\partial H}{\partial y}, \quad 其中 z = -H(x, y, t)$$

$$\tag{6-7}$$

式(6-7)为底面摩擦力边界条件和海底流速与海底地形之间的约束关系。上式中，$(\tau_{bx}, \tau_{by}) = C_d \sqrt{u^2 + v^2} (u, v)$ 为海底底应力。

在海洋数值模拟中，特别是近海海湾的数值模拟，海湾岸线和海底地形对近海潮汐潮流的数值模拟起着至关重要的作用。本章模拟的区域岸线来自于谷歌地图提供的岸线数据以及东营围海养殖区的工程设计方案，水深数据则来源于海图及实际调查数据。整个模型区域的水深在-1~10 米之间，图 6-24 为由水深数据插值后的海底地形。

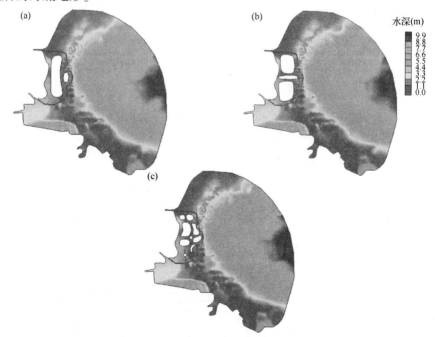

图 6-24　滨海生态城水深地形
(a)规划方案一；(b)规划方案二；(c)规划方案三

模型的陆地边界采用法向流速为 0，即 $v_n = 0$，开边界由 19 个节点组成，由 TMD(Tide Model Driver)后报的整个模拟时间段的水位驱动数值模式。本模型为正压模型，初始时刻的水位场和流场均为 0。本模型的计算区域范围为 118°48′45″—119°17′53″E，

37°8′24″—37°38′59″N，覆盖整个滨海生态城及附近海域。模型网格(图6-25)从外海向岸边逐渐加密，模式中采用内外模分离技术，外模时间步长为0.1秒，内模时间步长为1.0秒。模型模拟总时间为1个月。

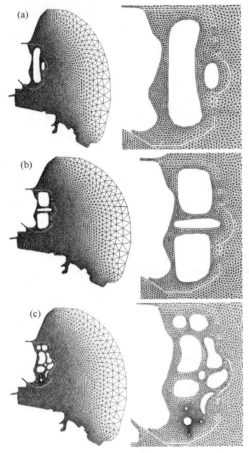

图6-25　滨海生态城海域模型区域与网格
(a)规划方案一；(b)规划方案二；(c)规划方案三

3. 不同工况水循环条件的模拟结果

通过对上述三个滨海生态城规划方案水体循环的模型模拟，由表6-20可以看出，在模拟污染物释放的过程中，规划方案二中滨海生态城区内的水交换率最高，规划方案一与规划方案三次之。规划方案二中城区的水道正对防波堤开口位置，对城区中的水体交换起到积极作用；规划方案一中由于建岛面积过大，导致城区中水道相对狭小，影响了城区中水体的及时交换；规划方案三中由于建设岛屿数量较多，复杂的地形岸线使得城区内的水交换率降低。在三种滨海生态城规划对比中，从岛屿设计上来看，岛屿的流线型越好，城区内水体与外界的水体交换就越通畅；建设的岛屿越多，城区中的水道也就越多，也就能使城区中的水体得到更为及时的流通，但相应的造价也会增加。具体可见图6-26。

表 6-20　滨海生态城各规划方案水交换率对比

规划方案	污染物释放 10 天后的水交换率(%)	污染物释放 20 天后的水交换率(%)	污染物释放 30 天后的水交换率(%)	城区水体半交换周期(天)
方案一	40.0	42.4	56.4	23
方案二	41.6	49.8	63.2	20
方案三	36.7	41.1	55.5	25

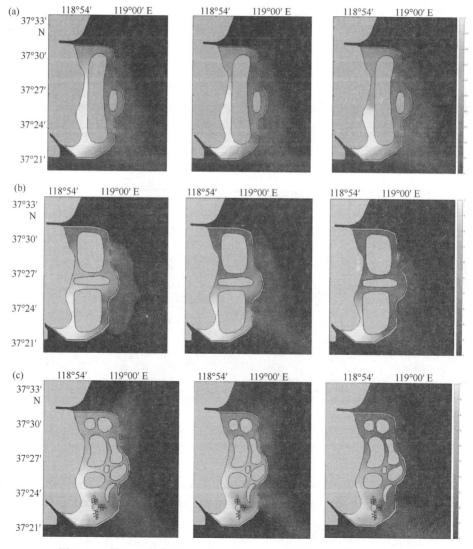

图 6-26　模拟污染物释放 10 天、20 天、30 天后城区污染物浓度示意
(a)规划方案一；(b)规划方案二；(c)规划方案三

6.2.4　基于定量评价和数值模拟的平面设计方案生成

1. 整体方案生成

根据以上分析，本工程的围填海平面形态方案可依据以下原则进行设计。

（1）填海区域可采用水陆比 40%。

（2）设计 3~5 个人工岛，采用各个人工岛体量相当的面积比例方式。

（3）人工岛摆放位置和防波堤口门、潮沟等保持避让，充分保障内部水循环通畅，岸线形式采用仿自然形态。

（4）充分利用现有围堤、岸线、观景堤、油井路和广利港，使规划平面方案和现状用海有效结合。

（5）尽量保留现有自然景观和湿地滩面，保留规划内不少于 60% 的岸线和湿地，将填海和整治修复结合，形成耦合海洋生态系统的填海模式。

此外，考虑到东营特殊的地理区位和城市形象，其独具特色的黄河口文化和油城文化，该平面设计在整体上可采用龙的形象设计（图 6-27）。

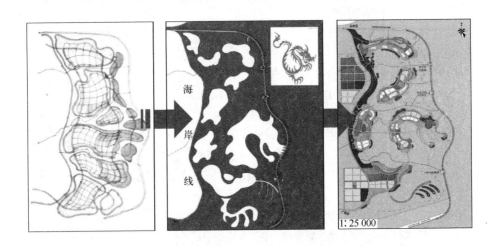

图 6-27　海上龙城规划方案生成图

2. 规划设计

规划平面示意见图 6-28，具体的土地使用情况和人工岛面积、近岸建设面积、水域面积等见表 6-21 和表 6-22。

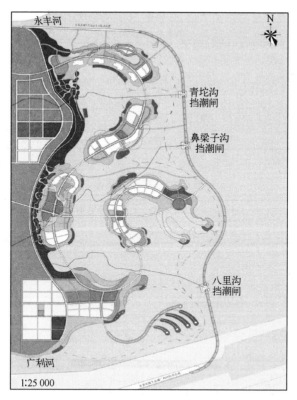

图 6-28　规划方案平面示意

表 6-21　规划用地情况

名称	面积(公顷)	占城市建设用地比例(%)
总建设面积	4 630.0	—
会展中心	62.7	1.4
海上休闲娱乐	30.3	0.7
工业用地	331.9	7.2
物流仓储用地	79.6	1.7
休闲养生理疗	28.7	0.6
海滨会所	169.3	3.7
医疗设施	9.4	0.2
学校教育用地	8.7	0.2
商业服务	122.6	2.6
酒店式花园洋房	258.7	5.6
酒店式别墅	216.4	4.7

名称	面积(公顷)	占城市建设用地比例(%)
多层住宅	907.6	19.6
农家乐采摘园	36.7	0.8
观鸟园地	357.6	7.7
公园绿地	205.8	4.4
其他用地	1 804.1	39.0

表 6-22　规划海陆比

人工岛面积(平方千米)	近岸建设面积(平方千米)	水域面积(平方千米)	陆水比(%)
33.1	13.2	82.4	40.2

3. 功能结构

"海上龙城"方案主体功能结构为"一主+三核+两片区"(图6-29)。

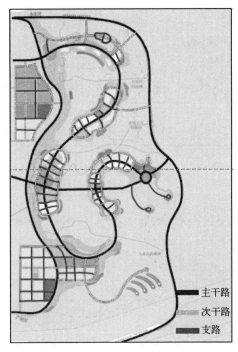

图 6-29　规划功能结构分析及道路系统分析

一主:一个主要核心功能区,即龙首岛,为"海上龙城"的标志性景观功能区,是东营市的海上娱乐休闲中心,其中包括海上乐园、休闲度假、海上运动、观海栈道、会议会展等功能。

三核：三个副核心功能区共同带动海上新城的发展，与陆地上的辅助发展片区相辅相成，打造一个功能多样，环境优美的生态旅游区。其中包括如下组成。

（1）龙翼岛。海上文化展示区，以海洋能源技术展示，海上文化推广为主题的会议展览功能和以商务洽谈、小型文化活动为主题的休闲度假商务功能。

（2）龙掌岛。海上商业服务区，以大型商业为核心，带动周边海上休闲娱乐项目的开发，形成以面向旅游及购物人群的商业服务型街区。

（3）龙尾双岛。原生态养生区，以北部优质红海滩岸线为基础，开发生态旅游项目，其中包括鸟类观赏、湿地游赏、养生理疗、海上垂钓等项目。

两片区：陆上发展区，为后期新城规模的扩大及功能的进一步升级提供发展空间和产业支撑。其中包括产业发展区和居住发展区，产业发展区主要以生态海洋技术研发带动下的新能源产品和清洁环保产品的生产和装配制造区。居住发展区为未来海上新城人口的稳定增长提供预留发展空间。

4. 道路系统

一级：三纵一横。一级道路由原有的沿岸道路、观海栈道和防洪堤上道路与新建的串联龙城主体结构的道路组成，形成整体结构，保障岛屿之间及岛屿与陆地之间的通达性。

二级：环状路网+放射式路网。二级道路由各个岛屿上形成的环岛路以及放射状路网组成，保证各个区域内部交通的可达性。

三级：鱼骨状支路。三级道路由各个功能区内部的鱼骨状支路组成，保持区域内部交通顺畅。

5. 景观系统

主体结构：一带+三核+三轴线

经过治理开发的带状红海滩形成景观系统的带状绿地，为该方案的核心景观带。其中由主路网串联下，在龙首、龙尾和龙爪处各塑造一处景观核心，分别为海上乐园、观鸟园地及休闲海滩。这三大景观节点同时与岸上功能交通相联系，形成三条以道路景观为主的轴线景观。

6. 水域景观及游赏路线

海上游线串联了各个岛屿之间的旅游项目，形成三条不同主题的旅游线路，一是以理疗养生项目为主的养生康体游；二是以海上自然风光景观观赏为主的海上观光游；三是以岛上休闲娱乐项目为主的休闲观岛游。

6.2.5　方案的数模验证

按照 6.2.3 中的数值模拟方法，对海上龙城方案进行数值模拟。利用已建立的三维海洋模型进行污染物扩散数值模拟 30 天，计算 10 天、20 天、30 天后城区内的平均污染物剩余浓度及水交换率。

图 6-30 为数值实验染色实验扩散过程，从图中可以看出，城区模型运行 10 天、20 天、30 天后污染物的扩散情况，防波堤外侧靠近外海区域，由于潮流速度高，污染物浓度降低速度较快，在防波堤内侧的区域，受岸线地形阻拦，潮流流速小，污染物浓度较高。

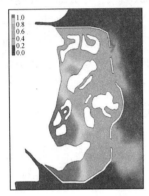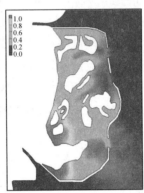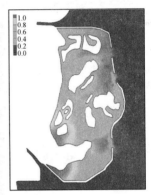

图 6-30　模拟污染物释放 10 天、20 天、30 天后城区污染物浓度示意

在以前的水体循环模拟试验中，城区西南侧的海域受水深较浅、水道狭小的影响，污染物在此汇集，海上龙城的设计方案考虑了原有城区西南侧海域存在的问题，在城区西南侧海域填海造地，缓解了水体循环不畅的问题，城区内水体的半交换周期约为 15 天，优于之前的水体循环试验模拟结果，具体计算结果见表 6-23。

表 6-23　海上龙城方案城区内污染物平均浓度及水交换率

规划方案	污染物释放 10 天后的水交换率(%)	污染物释放 20 天后的水交换率(%)	污染物释放 30 天后的水交换率(%)	城区水体半交换周期(天)
方案一	40.0	42.4	56.4	23
方案二	41.6	49.8	63.2	20
方案三	36.7	41.1	55.5	25
海上龙城方案	40.2	62.1	64.8	15

6.3　中国沿海大型围填海工程选址评价与预测

6.3.1　预测与评价方法

以中国沿海所有地市级以上城市为研究对象(海南省除外),根据建立的围填海宏观评价模型对中国沿海围填海适宜性进行评价和分析,分为比较适宜、适宜、较不适宜和不适宜 4 个等级,利用 GIS 信息系统对较适宜和适宜两个等级的沿海城市海域空间和海洋功能区划确定的工业城镇用海区进行空间范围叠加,选划出未来可能开展大型围填海活动的海域,最后进行沿海地方战略规划政策的调整和优选,综合预测出中国沿海城市围填海选址建议。技术方法路线如图 6-31所示。

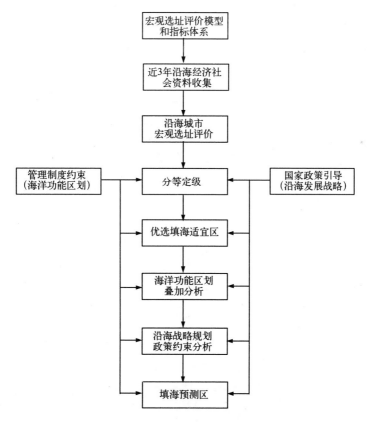

图 6-31　预测评价技术流程

6.3.2　中国沿海城市围填海基本情况

1. 辽宁省

辽宁省是环渤海经济圈的重要部分，也是我国东北地区唯一的沿海省份。1993—2002 年，辽宁省围填海总面积为 7 319.12 公顷，其中大连市围填海面积最大，达到 2 914.07 公顷，占辽宁省同期围填海总面积的 39.81%；其次为锦州市，围填海面积为 1 964.44 公顷，占辽宁省围填海总面积的 26.84%；再次为葫芦岛市，面积为 1 020.88 公顷。海洋功能区划实施后的 2002—2010 年间，辽宁省围填海规模随着沿海经济快速发展和辽宁省沿海"五点一线"战略规划的落实，围填海规模急剧增加，达到 3 7051.97 公顷，围填海面积最大的地区仍然为大连市，面积上升到 2 1291.72 公顷，占同期全省围填海总面积的 57.46%；其次为盘锦市，围填海面积为 5 988.50 公顷，占同期全省围填海总面积的 16.16%；再次为锦州市，围填海面积为 3 272.52 公顷。

2. 天津市

天津滨海新区是天津市最为主要的围填海区域。2000 年以前天津市围填海总量约 1 435.03 公顷，2000 年以来，天津围填海总量已突破 25 824.55 公顷，成为渤海湾中围填海规模最大的城市(表 6-24，图 6-32)。

表 6-24　天津市围填海情况　　　　　　　　　　　　单位：公顷

时间	同比上期新增围填海面积	累积围填海面积
2000 年	—	287.6
2003 年	501.9	789.5
2005 年	2 345.7	3 135.2
2006 年	710.2	3 845.4
2007 年	1 218.5	5 063.9
2009 年	6 882.2	11 946.1

3. 河北省

河北省的围填海主要分布在曹妃甸工业区。2000 年以前，河北省的围填海面积 3 683.74 公顷，其中秦皇岛 610.83 公顷，唐山 1 210.15 公顷，沧州 1 862.76 公顷；2000 年以来，河北围填海面积约 27 871.23 公顷，其中秦皇岛 712.48 公顷，唐山 21 302.04 公顷，沧州 5 856.71 公顷(表 6-25，图 6-33)。

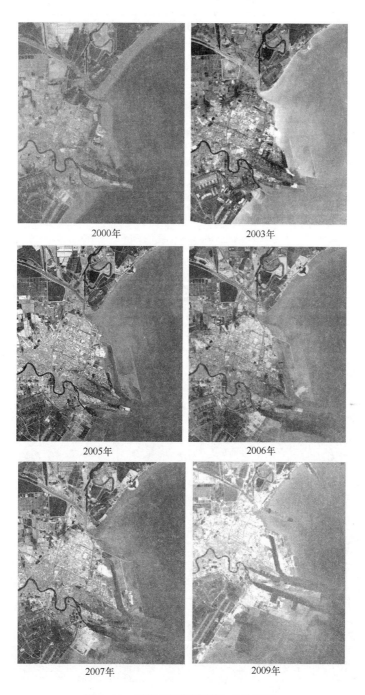

图 6-32　天津市围填海历史变化情况

表 6-25　曹妃甸围填海情况　　　　　　　　　单位：公顷

时间	期间新增围填海面积	累积围填海面积
2000 年	—	1 117. 8
2003 年	0	1 117. 8
2005 年	1 914. 8	3 032. 6
2006 年	2 956. 5	5 989. 1
2007 年	2 324. 6	8 313. 7
2009 年	5 080. 0	18 768. 7

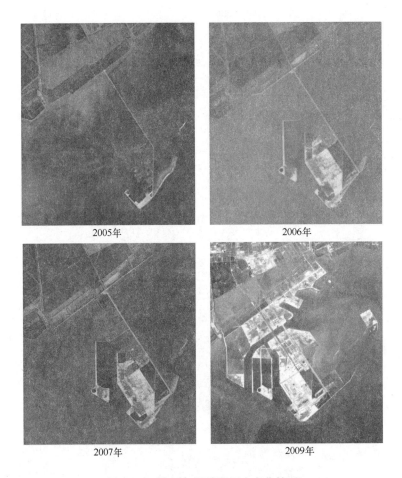

2005年　　　　　　　　　　　　　2006年

2007年　　　　　　　　　　　　　2009年

图 6-33　曹妃甸围填海历史变化情况

4. 山东省

1993—2002 年间，潍坊市、烟台市、东营市和青岛市围填海面积都比较大，分别达到 2 048.08 公顷、1 951.77 公顷、1 501.65 公顷和 1 347.95 公顷。2002 年海洋功能区划实施后，山东省沿海各个地区围填海规模都有所增加，其中仍然以潍坊市围填海面积最大，达到 10 419.85 公顷，占同时期山东省围填海总面积的 43.75%；其次为东营市，围填海面积也达到 5 546.36 公顷，占同时期山东省围填海总面积的 23.29%；烟台市围填海面积增加为 2 612.50 公顷，其他地区围填海面积都在 2 000 公顷以下。

5. 江苏省

江苏省是我国沿海高位滩涂分布最为广泛的区域，近几十年，江苏省高位滩涂围垦一直是全国围垦种植的最主要区域。1993—2002 年间，江苏省围填海总面积为 48 628.69 公顷，其中围塘养殖面积最大，达到 39 387.15 公顷；其次为围垦种植，面积为 7 897.98 公顷，工业和港口码头围填海面积分别仅为 1 035.43 公顷和 308.13 公顷。海洋功能区划实施后的 2002—2010 年间，江苏省围填海总面积增加到 55 884.15 公顷，仍然以围塘养殖面积最大，占全部围填海总面积的 91.17%，围垦种植面积为 2 938.26 公顷，工业和城镇建设围填海造地面积增加至 1 998.97 公顷。

在区域分布上，1993—2002 年间，南通市围填海面积最大，为 8 353.14 公顷；其次为盐城市，面积 3 548.55 公顷；连云港市和苏州市围填海面积都在 1 000 公顷以下。2002—2010 年间，江苏省围填海面积仍然集中分布于盐城市和南通市，其中盐城市围填海面积 25 679.52 公顷，南通市围填海面积 25 216.95 公顷，连云港市和苏州市围填海面积也分别增加至 3 146.70 公顷和 1 696.95 公顷。

6. 浙江省

浙江省是我国沿海地区经济发展较快的区域之一，经济发展的快速增长也驱动了围填海活动的规模增大。1993—2002 年间，浙江省围填海总面积达到 5 999.51 公顷，以台州市围填海面积最大，为 2 706.84 公顷；其次为宁波市，面积为 1 490.66 公顷，舟山市、温州市和杭州湾地区的嘉兴市、杭州市和绍兴市围填海面积都在 1 000 公顷以下。2002—2010 年间，宁波市围填海面积迅速增长，达到 20 693.14 公顷，占同时期浙江省围填海总面积的 56.18%，台州市和温州市围填海面积分别增长到 6 537.65 公顷和 4 883.33 公顷。

7. 福建省

福建省海岸线曲折，多海湾，多岛屿，多数岸段海岸地形以山地丘陵为主，开发利用难度较大，围填海规模相对比较小。1993—2002 年，福建省全省围填海总面积只有 2 325.47 公顷，主要分布在宁德市（946.39 公顷）、漳州市

（536.74 公顷）、厦门市（435.60 公顷）和福州市（365.49）公顷。海洋功能区划实施后的 2002—2010 年间，漳州市围填海规模迅速增大，达到 4 687.06 公顷，占同时期全省围填海总面积的 35.08%；其次为福州市，围填海面积也快速增大至 4 671.05 公顷，占同时期福建省围填海总面积的 34.96%；莆田市围填海面积也增大到 2 465.89 公顷，占全省围填海总面积的 18.46%，而宁德市、厦门市和漳州市围填海面积变化不大。

8. 广东省

广东省是我国南方经济起步最早，发展最快的地区，也是全国海岸线最长、最为曲折的地区之一。广东省的围填海历程也随经济发展呈现出多样性的特征，在区域围填海变化过程中具有一定的代表性。1993—2002 年间，广东省围填海总面积达到 19 166.47 公顷，围填海类型主要以围塘养殖为主，面积达到 15 419.43 公顷，占该时期围填海总面积的 80.45%，是该时期广东省最主要的围填海利用类型；其次为港口码头围填海类型，面积为 2 379.19 公顷，占该时期围填海总面积的 12.41%；其他的围填海利用类型面积都比较小。海洋功能区划后的 2002—2010 年间，广东省围填海面积减少至 6 514.46 公顷，围填海利用类型也趋于多样化，面积最大的围填海类型转变为工业和城镇建设围填海造地，面积为 3 703.60 公顷，占同时期全省围填海总面积的 56.85%；其次为围塘养殖，面积减少为 1 620.77 公顷，仅占同时期全省围填海总面积的 24.88%；另外，港口码头围填海面积也达到 1 190.09 公顷。

在围填海的区域分布变化方面，1993—2002 年间，广东省围填海面积以处于雷州半岛的湛江市最大，达到 3 634.61 公顷，占该时期全省围填海总面积的 27.22%；其次为深圳市，围填海面积 2 240.97 公顷，占该时期全省围填海总面积的 16.78%；再次为江门市（1 692.79 公顷），佛山市（1 615.89 公顷）和珠海市（1 559.55 公顷）。其他区域的围填海面积都在 500 公顷左右。海洋功能区划实施后的 2002—2010 年间，广东省围填海集中分布于深圳市和珠海市，其中深圳市围填海面积为 2 955.65 公顷，占该时期全省围填海总面积的 44.38%，珠海市围填海面积为 1 237.88 公顷，占该时期全省围填海总面积的 18.29%。另外，江门市围填海面积为 735.28 公顷，其他地区的围填海面积多在 500 公顷左右及以下。

中国沿海城市 2002 年以来围填海总量分布见图 4-34。

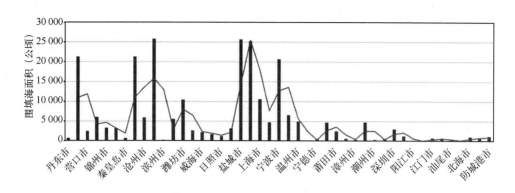

图 6-34　中国沿海城市 2002 年以来围填海总量分布

6.3.3　中国沿海城市围填海选址适宜性宏观评价

根据表 6-26 及 5.2.2 中每个指标的计算公式，求得每个指标量化数值，对于宏观评价的 9 个指标按照以下公式进行标准化处理。

$$a_{1i} = \frac{A_{1i} - A_{1i}^{\min}}{A_{1i}^{\max} - A_{1i}^{\min}} \qquad (6-8)$$

根据式(6-8)可得所有沿海城市的各项指标值，具体见表 6-27。

表 6-26　中国沿海城市自然地理概况

	城市名称	陆域面积（平方千米）	海域面积（平方千米）	总人口数（万人）	市中心离海距离（千米）	大陆岸线长度（千米）	人均大陆岸线（米）
辽宁	丹东市	15 200	3 500	244	13.6	126	0.051 5
	大连市	12 574	29 000	669	1.74	2 211	0.330 5
	营口市	5 415	1 185	242	6.78	122	0.050 2
	盘锦市	4 065	1 425	139	33.76	118	0.084 7
	锦州市	10 301	1 185	312	23.56	124	0.039 7
	葫芦岛市	10 415	3 333	262	3.16	258	0.098 3
河北	秦皇岛市	7 802	1 805	298	2.56	162.7	0.054 5
	唐山市	13 472	4 440	757	47.63	229.7	0.030 3
	沧州市	13 419	955	723	73.67	129.7	0.017 9

城市名称		陆域面积 （平方千米）	海域面积 （平方千米）	总人口数 （万人）	市中心离海 距离(千米)	大陆岸线长 度(千米)	人均大陆 岸线（米）
天津市		11 946	3 000	1 293	50	153	0.01
山东	滨州市	9 453	2 000	374	87.38	238.9	0.063 7
	东营市	792 3	5 000	203	21.68	412.67	0.202 8
	潍坊市	15 859	1 400	908	47.35	140	0.015 4
	烟台市	13 745	26 000	696	2.2	909	0.130 4
	威海市	5 797	6 293	280	0.62	985.9	0.351 5
	青岛市	11 282	12 200	871	0.73	710.9	0.081 6
	日照市	5 358.57	6 000	280	3.72	100	0.035 7
江苏	连云港	7 499.9	1 759	439	21.5	162	0.036 9
	盐城市	17 000	18 900	726	50.88	582	0.080 2
	南通市	8 544	8 701	728	63.12	215.85	0.029 6
上海市		6 340.5	3 500	2 301	43.85	211	0.009 2
浙江	嘉兴市	3 915	4 650	450	32.2	121	0.026 9
	宁波市	9 714	8 232	760	16.03	1 594.4	0.209 6
	舟山市	1 440	20 800	112	0.99	0	0.000 0
	台州市	9 411	6 910	596	12.96	740	0.124 0
	温州市	12 065	11 000	912	19.79	355	0.038 9
福建	宁德市	13 452	44 565	282	4.05	1 046	0.370 7
	福州市	11 968	10 573	711	39.47	920	0.129 3
	莆田市	4 119	11 000	277	13.23	336	0.120 9
	泉州市	11 015	11 360	812	9.54	541	0.066 6
	厦门市	1 699	390	353	1.48	194	0.054 9
	漳州市	12 607	12 600	481	29.73	715	0.148 6

	城市名称	陆域面积（平方千米）	海域面积（平方千米）	总人口数（万人）	市中心离海距离（千米）	大陆岸线长度（千米）	人均大陆岸线（米）
广东	潮州市	3 146	533	266	34.98	136	0.050 9
	汕头市	2 064	15 000	539	10.54	217.7	0.040 4
	揭阳市	5 240.5	7 689	587	49.12	136.9	0.023 3
	汕尾市	5 271	23 800	293	2.66	302	0.102 9
	惠州市	11 343	4 519	459	45.96	281.4	0.061 2
	深圳市	1 996	1 145	1 035	4.47	257	0.024 8
	东莞市	2 465	97	822	38.61	92.7	0.011 3
	广州市	7 434	399	1 270	73.7	209.9	0.016 5
	中山市	1 800	176	312	19.85	26	0.008 3
	珠海市	1 711	5 965	156	0.56	604	0.387 1
	江门市	9 505	2 257	444	53.06	328.7	0.073 9
	阳江市	7 955	12 300	242	8.46	323.5	0.133 6
	茂名市	11 459	75	581	19.52	166.4	0.028 6
	湛江市	13 225	11 000	699	3.65	1 556	0.222 5
广西	北海市	3 337	20 000	153	0.52	468.2	0.304 2
	钦州市	10 843	908	307	13.72	562.64	0.182 7
	防城港市	6 222	493	86	0.59	537.79	0.620 4

表 6-27　沿海城市填海适宜性评价指标值

	城市名称	海陆面积比	人口密度	海上交通区位条件	人均国内生产总值	海岸线稀缺度	单位岸线国内生产总值	亲海期望	相应产业增长率	区域海洋灾害
辽宁	丹东市	3.08	0.43	14.77	16.38	15.02	7.70	15.06	21.39	80.00
	大连市	31.67	7.78	52.06	66.86	1.19	2.45	1.40	19.08	40.00
	营口市	2.92	6.12	40.76	28.82	15.45	11.27	7.21	25.43	60.00
	盘锦市	4.74	4.03	2.95	54.20	8.60	10.33	38.27	23.70	40.00
	锦州市	1.49	3.25	10.27	14.72	19.93	9.73	26.53	20.81	80.00
	葫芦岛市	4.32	2.23	1.78	4.87	7.23	2.00	3.04	2.31	80.00
河北	秦皇岛市	3.10	4.83	34.65	11.87	14.14	6.12	2.35	2.31	20.00
	唐山市	4.45	8.38	57.13	42.32	26.51	25.32	54.24	19.08	40.00
	沧州市	0.89	7.92	21.40	13.72	45.74	21.95	84.22	25.43	20.00

城市名称		海陆面积比	人口密度	海上交通区位条件	人均国内生产总值	海岸线稀缺度	单位岸线国内生产总值	亲海期望	相应产业增长率	区域海洋灾害
天津市			3.37	18.70	64.27	64.46	70.05	91.66	56.97	38.15
山东	滨州市	2.82	5.10	0.62	25.31	11.89	7.94	100.00	31.21	40.00
	东营市	8.60	2.33	1.03	100.00	2.80	6.80	24.36	32.95	20.00
	潍坊市	1.13	8.59	2.21	18.84	53.44	30.18	53.91	31.21	60.00
	烟台市	25.96	7.28	28.02	42.16	5.11	5.13	1.93	27.17	80.00
	威海市	14.86	6.82	4.39	49.72	1.04	1.59	0.12	25.43	80.00
	青岛市	14.80	12.54	57.65	50.43	8.99	10.14	0.24	23.70	80.00
	日照市	15.33	7.60	39.33	22.42	22.29	13.83	3.68	26.59	80.00
江苏	连云港	3.14	8.85	25.42	12.98	21.54	9.91	24.15	39.88	20.00
	盐城市	15.22	5.70	5.69	18.27	9.17	4.93	57.98	45.66	40.00
	南通市	13.94	14.13	25.81	33.85	27.13	22.06	72.07	34.10	20.00
上海市			7.51	69.16	100.00	51.87	90.76	100.00	49.88	0.00
浙江	嘉兴市	16.27	20.02	7.76	34.38	30.06	24.69	36.47	21.97	0.00
	宁波市	11.58	12.75	51.80	51.79	2.67	3.45	17.86	12.14	40.00
	舟山市	198.84	12.67	51.80	43.95	0.00	0.00	0.54	17.92	0.00
	台州市	10.02	9.80	6.49	21.89	5.45	3.24	14.32	11.56	20.00
	温州市	12.47	12.22	8.77	15.36	20.34	10.16	22.19	9.83	20.00
福建	宁德市	45.54	1.40	2.11	15.36	0.92	0.20	4.06	69.36	20.00
	福州市	12.08	9.02	12.83	31.34	5.17	4.05	44.84	41.04	40.00
	莆田市	36.69	10.60	1.11	18.60	5.62	2.98	14.63	47.40	20.00
	泉州市	14.11	11.86	13.47	30.20	11.33	8.55	10.38	37.57	20.00
	厦门市	3.07	38.41	24.00	45.75	14.01	14.38	1.11	28.90	40.00
	漳州市	13.68	4.80	6.36	17.25	4.32	2.12	33.63	53.18	60.00

	城市名称	海陆面积比	人口密度	海上交通区位条件	人均国内生产总值	海岸线稀缺度	单位岸线国内生产总值	亲海期望	相应产业增长率	区域海洋灾害
广东	潮州市	2.24	14.05	1.78	4.64	15.22	4.70	39.67	46.82	100.00
	汕头市	100.00	48.98	5.73	4.51	19.55	6.13	11.54	34.68	40.00
	揭阳市	20.12	19.46	2.44	3.24	34.89	10.60	55.95	73.41	60.00
	汕尾市	62.10	8.27	0.00	0.00	6.85	1.23	2.46	70.52	60.00
	惠州市	5.40	5.27	5.40	25.86	12.43	8.42	52.31	57.23	60.00
	深圳市	7.81	100.00	29.58	85.60	32.67	54.68	4.55	16.76	20.00
	东莞市	0.45	63.30	13.71	32.09	73.52	57.44	43.85	24.28	40.00
	广州市	0.65	31.09	58.94	72.02	49.73	71.48	84.25	17.92	0.00
	中山市	1.26	31.59	8.06	45.08	100.00	99.13	22.25	27.75	20.00
	珠海市	47.92	15.30	12.17	61.15	0.82	1.75	0.05	32.95	20.00
	江门市	3.18	6.51	7.93	16.14	10.07	5.04	60.49	37.57	60.00
	阳江市	21.20	3.27	1.85	14.66	4.96	2.21	9.14	100.00	60.00
	茂名市	0.00	7.30	2.26	10.42	28.16	11.84	21.87	51.45	80.00
	湛江市	11.37	7.72	22.57	4.81	2.43	0.34	3.60	42.20	60.00
广西	北海市	82.45	6.38	7.28	18.18	1.42	0.59	0.00	75.14	100.00
	钦州市	1.06	2.87	7.27	1.16	3.26	0.36	15.20	24.28	100.00
	防城港市	1.00	0.00	7.27	27.55	0.00	0.00	0.08	68.21	100.00

每项指标的权重按照 $w = ($ 0.027 78，0.017 73，0.030 72，0.115 51，0.181 57，0.190 15，0.112 67，0.254 90，0.068 96$)$ 进行统计，可得每个沿海城市围填海宏观评价总分值。以图表的形式绘制如图 6-35 所示。

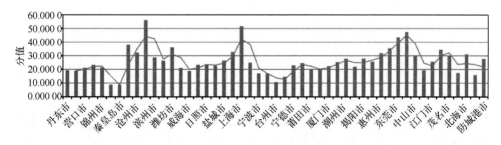

图 6-35　中国沿海城市围填海宏观适宜性评价总分值

从中可以得出以下结论。

(1)适宜开展围填海的沿海城市依次是天津、上海、广州、深圳、东莞、唐山、潍坊、南通、阳江、沧州、惠州、北海、防城港等地。

(2)适宜开展围填海的区域从北到南呈波浪式分布,波峰出现在京津冀、长三角和珠三角3个沿海经济最为发达、海洋经济增速快的区域,波谷出现在葫芦岛、秦皇岛、威海、台州、湛江等地,这些城市经济总量相对较少,围填海的综合需求不大。

(3)将该评价结果与沿海城市已经发生的围填海总量情况进行比对,可以发现该评价结果能够与已经发生的围填海情况基本吻合,尤其是在北方城市;在南方城市吻合度较差。这是由于,本评价结果仅是从宏观层面、从社会经济的角度进行的评价,而围填海的选择是基于社会、经济、自然条件而进行的综合判断。我国北方海域,尤其是渤海湾和江苏沿岸多为淤泥质海岸,水深较浅,有黄河、长江常年带来的泥沙入海,这里的填海工程成本更低,在自然条件上更适宜;反之,南方海域多为基岩岸,水深较深,填海成本较高。其次,南方的围填海与北方的围填海在开展时间上不同步,南方的围填海在2000年以前开展较多,北方近十年来开展较多,这也贴合了南方改革开放较早、经济起步早的社会规律。

(4)该评价结果是基于沿海城市自然地理和经济社会发展水平做出的综合分析,对于微观自然条件适宜性考虑较少,可以为填海企业在沿海选址提供参考,为管理部门制定差异化围填海管理政策提供建议。

6.3.4　海洋功能区划约束下选址预测

为发展沿海经济,国家近年来发布实施了多个沿海战略规划,在国家层面的引导下,沿海经济布局更加趋于集中和合理。与此同时,国家严控围填海,主要通过海洋功能区划对围填海实行总量控制和布局调控。2012年国务院批准了全国11个沿海省级海洋功能区划,期限至2020年,这为围填海项目审批提供了决策依据,所有的项目用海都必须符合海洋功能区划。这一轮海洋功能区划共划定了8个一级类海洋基本功能,分别为:农渔业区、港口航运区、工业与城镇用海区、矿产能源区、旅游休闲娱乐区、海洋保护区、特殊利用区和保留区。《全国海洋功能区划(2011—2020年)》规定:"工业与城镇用海区是指适于发展临海工业与滨海城镇的海域,包括工业用海区和城镇用海区。工业与城镇用海区主要分布在沿海大、中城市和重要港口毗邻海域。"因此,围填海项目应主要在工业与城镇用海区布置,各个沿海城市工业与城镇用海区的数量和面积在一定程度上代表了未来该城市围填海工程的开发潜力。表6-28给出了全国沿海城市工业与城镇用海区的数量和面积。

表 6-28　全国各沿海城市省级海洋功能区划中工业与城镇用海区的数量和面积

城市名称		个数	面积(平方千米)	城市名称		个数	面积(平方千米)
辽宁	丹东市	2	54.6	福建	宁德市	20	149.77
	大连市	29	482.2		福州市	16	127.98
	营口市	3	179.6		莆田市	11	118.28
	盘锦市	1	93		泉州市	15	107.13
	锦州市	2	127.55		厦门市	3	11.3
	葫芦岛	7	113.45		漳州市	6	64.79
河北	秦皇岛	2	4.65	广东	潮州市	1	16.55
	唐山市	9	311.57		汕头市	8	65.41
	沧州市	4	62.54		揭阳市	2	29.52
天津		4	293.56		汕尾市	4	105.2
山东	滨州市	3	160.23		惠州市	2	4.73
	东营市	3	175.64		深圳市	3	66.55
	潍坊市	3	66.25		东莞市	1	18.21
	烟台市	3	155.26		广州市	0	0
	威海市	19	258.52		中山市	1	28.46
	青岛市	9	48.92		珠海市	9	167.58
	日照市	1	21.74		江门市	2	174.73
江苏	连云港	8	80.54		阳江市	4	108.34
	盐城市	6	650.34		茂名市	2	36.88
	南通市	8	825.98		湛江市	7	502.61
上海		4	12.6	广西	北海市	2	40.98
浙江	嘉兴市	0	0		钦州市	3	39.14
	宁波市	12	416.96		防城港	4	120.25
	舟山市	8	74.94				
	台州市	5	161.2				
	温州市	9	233.22				

图 6-36 为从北到南，所有沿海城市工业与城镇用海区面积分布情况。

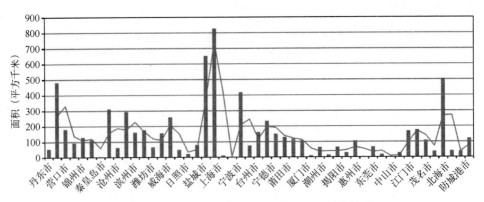

图 6-36　沿海城市工业与城镇用海区面积分布情况

6.3.5　中国沿海围填海选址适宜性分等定级

将各城市工业与城镇用海区海洋功能区划面积指标按照下面的公式进行标准化处理。

$$x_i = \frac{y_i}{y_{\max}} \times 100\% \qquad (6-9)$$

其中，x_i 为某城市填海适宜性耦合海洋功能区划的调和系数，y_i 为某城市工业与城镇用海区面积，$y_{\max}$ 为所有城市中工业与城镇用海区面积的最大值。

将 6.3.3 中的评价结果 a_{1i} 与 x_i 取算数平均值，可得沿海城市耦合海洋功能区划后的围填海适宜性指数，结果见图 6-37。

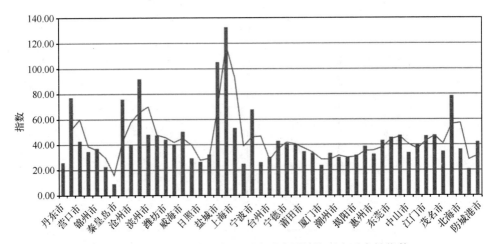

图 6-37　耦合海洋功能区划的沿海城市围填海开发适宜性指数

从中可以得出以下结论。

（1）耦合功能区划后，适宜开展围填海的沿海城市依次是南通、盐城、天津、大连、唐山、湛江、宁波等地。

（2）该结论既考虑了各地的经济社会发展需求，同时也综合考虑了各地的海洋空间资源基础，较为符合各地实际，可以作为未来沿海大型围填海工程宏观选址的参考之一，为填海企业在沿海选址提供参考，为管理部门制定差异化围填海管理政策提供建议。

（3）将综合评价分值分为 4 个等级，大于 50 为 Ⅰ 级，40~50 为 Ⅱ 级，30~40 为 Ⅲ 级，小于 30 为 Ⅳ 级，分级结果如表 6-29 所示。

表 6-29　沿海城市填海适宜性评价分级

宏观适宜性等级	城市	等级含义
Ⅰ	南通、盐城、天津、湛江、大连、唐山、宁波、上海、威海	较适宜开展大型围填海
Ⅱ	滨州、阳江、东营、广州、江门、东莞、潍坊、深圳、营口、温州、防城港、宁德	适宜开展大型围填海
Ⅲ	福州、烟台、沧州、珠海、汕尾、锦州、北海、盘锦、莆田、茂名、中山、泉州、漳州、惠州、连云港、揭阳、台州	较不适宜开展大型围填海
Ⅳ	汕头、潮州、青岛、日照、舟山、丹东、嘉兴、厦门、葫芦岛、钦州、秦皇岛	不适宜开展大型围填海

6.4　区域建设用海规划集约用海控制指标制定

6.4.1　控制指标确定的思路和方法

所谓区域建设用海规划集约用海控制指标是指在一定时期内，在特定经济技术和管理水平条件下，控制单个区域建设用海规划规模的标准，是衡量区域用海是否科学、合理和集约的综合指标，是编审海域使用论证报告、区域建设用海规划等文书的重要依据，起到规划性、导向性、约束性和控制性的作用。需要说明的是，确定控制指标的具体数值固然重要，但提出科学的控制指标本身更为重要，因为指标正确表明集约用海管理的"方向"正确，控制指标科学是确定具体控制标准有意义的前提。

在具体指标设计上，可以直接采用本研究设置的 8 个围填海规模评价指标。在指标控制标准的确定上，可以采用以下方法。

1. 统计分析法

根据样本资料进行统计分析，计算各指标的均值，均值指标反映当前各类产业平均用海水平，根据均值设置指标的控制值。该方法专业技术要求相对较低，但必须在调查并占有大量样本资料的基础上进行。该方法存在的问题是，当前区域建设用海规划是一项全新的制度，样本较少，批准的规划样本更少，并且较早编制的规划对集约节约用海考虑的不够，计算出的均值不能满足集约节约用海的要求。我国开展土地集约利用的研究较早，借鉴土地集约利用的研究成果，根据工业园区、工业项目用地的样本资料，适当考虑海洋产业的特点，可推算出建设用海的相关控制指标。

2. 技术经济分析方法

主要根据规划用海范围内项目的特点、布局、规划设计要求确定控制指标。该方法有技术依据，权威性强，但专业技术要求相对较高，许多因素如市场变化、技术进步等难以兼顾。另外，采用技术经济分析方法，必须以行业设计规范为依据，这些规范往往比较注重技术因素，对于集约利用海域问题考虑得比较少，编制的结果与提高海域集约利用程度的目标有一定差距。

3. 专家咨询法

根据海域集约节约利用、围填海平面设计等海域使用要求，通过咨询专家，提出并设定相关控制指标。

6.4.2 控制指标的测算与确定

1. 海域利用效率的测算

（1）案例统计。为计算该指标的现状情况，收集了具有代表性的 15 个区域用海规划案例，在样本中，计算出的海域利用效率平均值为 61.1%（表 6-30）。依据均值及各样本海域利用效率的分布规律，可确定控制值为 65%。

表 6-30　样本资料统计性分析

平均值	标准误差	中位数	标准差	方差
0.611 118 715	0.041 748 979	0.634 107 187	0.161 693 1	0.026 144 658
观测数	最大(1)	最小(1)	置信度(95.0%)	
15	0.886 545 04	0.393 371 029	0.089 542 654	

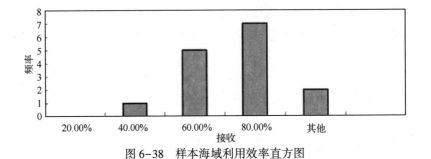

图 6-38　样本海域利用效率直方图

（2）技术经济分析。区域建设用海规划内非有效利用的围填海主要是指规划内的道路、绿地等。参照土地规划和城市规划有关技术标准，如《城市道路交通规划设计》（GB 50220—95）规定城市道路比例应在 8%～15%，当城市人口大于200 万，应在 15%～20%，《城市用地分类与规划建设用地标准》（GB 50137—2011）规定城市绿地应在 10%～15%，考虑到区域建设用海规划内的人口一般不会超过 200 万，因此若按照城市规划的有关标准核定，其道路和绿地比例应在18%～30%以内，若再为其他非有效利用的围填海（如退让部分的围填海等）留有5%的余量，则可设定该指标控制值为 65%。

2. 岸线利用效率的测算

海岸线是海洋经济发展的重要载体，也是稀缺和不可再生的空间资源。2008 年国家海洋局印发的《关于改进围填海造地工程平面设计的若干意见》（国海管字〔2008〕37 号）中提出围填海造地的平面设计应遵循保护自然岸线、延长人工岸线等基本原则。该意见认为自然岸线是海陆长期作用形成的自然海岸形态，具有环境上的稳定性、生态上的多样性和资源上的稀缺性等多重属性。自然岸线一旦遭到破坏，很难恢复和再造，因此，进行围填海造地工程建设，应尽量不用或少用自然岸线，要避免采取截弯取直等严重破坏自然岸线的围填海造地方式。此外，围填海形成土地的价值主要取决于新形成土地的面积和新形成人工岸线的长度。人工岸线越长，新形成土地的价值就越大。因此，围填海工程的平面设计要尽量增加人工岸线的曲折度，延长人工岸线的长度，提高新形成土地的价值。

目前，在海域开发过程中，人们已逐渐意识到海岸线的作用和价值，在编制区域建设用海规划时，应进行多方案比选，优化平面设计，以达到延长人工岸线，提升填海造地价值的目的。但仍有部分区域建设用海没有遵循保护自然岸线、延长人工岸线的原则。据此，本研究建议岸线利用效率控制指标为 2.0。

3. 开发退让比例

目前的海域利用绝大部分位于沿岸，项目布置实施后该项目"独占"了海岸线及海岸线向海一侧的部分海域功能，打断了沿岸通道，此段岸线的公众亲海功能丧失，同时也为此段岸线向海一侧的继续开发造成了障碍，严重影响了海域资源的服务价值和可持续开发潜力。

海洋是人类共同的财富，海域的开发利用不能以牺牲公众亲海需求为代价，不能以"独占"海岸线为前提。因此，对于那些并非必须占用岸线的项目，应退让一段距离，一方面预留出亲海的通道，另一方面为后续的开发提供便利。

由于海域开发退让是一个新的理念，目前尚没有可以参考的资料。在对案例的统计中，该指标差异化较大，有的 100%岸线退让，有的全部未退让。总体上，北方实施退让的较少，南方较多；建设工业项目的实施退让少，建设城镇等生活空间的区域建设用海实施退让的多。本研究提出，区域建设用海应有不少于20%的岸线实施退让。

4. 绿地率的测算

（1）工业项目集中区建设用海绿地率。由表6-31可知，工业项目集中区建设用海的绿地率平均值为7.02%，各样本的绿地率数值主要分布在6%~9%之间，依据均值及各样本道路广场用地比率的数值分布规律，确定控制值为7%。

表6-31　工业项目集中区建设用海样本资料

样本名称	绿地率(%)
河北曹妃甸工业区起步区(南区)规划用地	7.41
河北曹妃甸循环经济示范区中期工程(化工区)	11.51
天津临港工业区二期第一次规划报告	7.15
天津临港工业区	17.25
江苏大丰市区域建设用海	0.59
江苏射阳县区域建设用海(一期)	1.01
江苏射阳县区域建设用海(二期)	3.44
江苏海门市滨海新区区域建设用海	5.05
江苏启东市吕四渔港经济区	7.76
江苏启东市滨海工业集中区二期工程	15.00
上海临港物流园区奉贤分区	0.97
浙江台州市三山涂区	6.25
福建宁德市三屿工业区	7.86

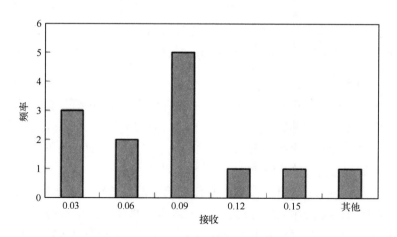

图6-39　工业项目集中区建设用海绿地率数值分布直方图

（2）城镇建设用海绿地率。根据表 6-32 可知，城镇建设用海的绿地率平均值为 14.7%，其中不包含工业项目的城镇建设用海平均值，为 17.51%。《城市分类用地与规划建设用地标准》（GBJ 137—90）对绿地率有明确规定，绿地占建设用地的比例为 8%~15%，风景旅游城市和绿化条件较好的城市，绿地占建设用地的比例可大于 15%。根据相关省市最新批准的新城规划，如北京市大兴新城，规划城市绿地面积为 909.56 公顷，占城市建设用地总面积的 13.99%；门头沟新城用地总面积为 377.8 公顷，占总用地的 12.7%。绿地为生态用地，绿地的生态服务价值远低于海域提供的生态价值，对于在沿海通过围填海建设的新城，应该鼓励营造亲水岸线，形成独特的滨海景观资源，引入水系等方式提高城市景观水平，提升城市环境竞争力；应避免采用绿地景观的单一做法，因此建议将控制指标设定为 12%，控制绿化占地面积。

表 6-32　城镇建设用海样本资料

样本名称	类型	绿地率(%)
辽宁营口沿海产业基地	城镇建设+工业项目集中区	13.75
河北曹妃甸工业区起步区(北区)	城镇建设	17.08
河北曹妃甸循环经济示范区中期工程(国际生态城起步区)	城镇建设	16.16
江苏南通市通州滨海新区	城镇建设+工业项目集中区	12.23
广东省台山市广海湾临港产业区	城镇建设+工业项目集中区	10.53
广东汕头东部经济带	城镇建设	19.28
龙口湾临港高端制造业聚集区一期(龙口部分)	城镇建设+工业项目集中区	13.96

（3）港口建设用海绿地率的确定。根据表 6-33 可知，港口建设用海的绿地率平均值为 3.9%。据此，控制值设置为 5%，并同时要求港区内的绿地应安排在道路两侧或港区的不同区域之间，不得设置风景绿地。

表 6-33　港口建设用海规划样本

样本名称	绿地率(%)
天津港南疆港区	5.0
江苏连云港旗台作业区南扩回填陆域	2.9
广州市龙穴岛区域建设用海	5.4
广西钦州大揽坪综合物流加工区	2.2

5. 道路广场用地比率的测算

（1）工业项目集中区建设用海道路广场用地比率。根据表 6-34 可知，工业项目集中区建设用海的道路广场用地比率平均值为 19.12%，但数值属于偏斜分布，主要分布在10%~20%之间，依据均值及各样本道路广场用地比率的数值分布规律，确定控制值为15%。

表6-34　工业项目集中区建设用海样本资料

样本名称	道路广场用地比率(%)
河北曹妃甸工业区起步区(南区)	20.37
河北曹妃甸循环经济示范区中期工程(化工区)	19.93
天津临港工业区二期(东区)	12.87
天津临港工业区二期(南区)	16.63
天津临港工业区	20.48
大丰市区域建设用海	17.20
江苏射阳县区域建设用海(一期)	30.93
江苏射阳县区域建设用海(二期)	31.56
江苏海门市滨海新区区域建设用海	30.67
江苏海门市滨海新区规划对比方案	14.00
江苏启东吕四渔港经济区	28.86
江苏启东市滨海工业集中区二期工程	14.04
上海临港物流园区奉贤分区	3.19
浙江台州市三山涂区	13.83
福建宁德市三屿工业区	12.19

　　(2)城镇建设用海道路广场用地比率的确定。根据表6-35可知，城镇建设用海的道路广场用地比率平均值为18.6%。依据表6-36，各城市道路占地比例平均为11.48%，根据《城市分类用地与规划建设用地标准》(GBJ 137—90)，道路广场用地占建设用地的比例为8%~15%，综合以上因素，城镇建设用海道路广场用地比率可确定为15%。

表6-35　城镇建设用海样本资料

样本名称	类型	道路占地比率(%)
辽宁营口沿海产业基地	城镇建设+工业项目集中区	14.23
河北曹妃甸工业区起步区(北区)规划用地	城镇建设	28.35
河北曹妃甸循环经济示范区中期工程	城镇建设	16.54
江苏南通市通州滨海新区	城镇建设+工业项目集中区	8.76
广东省台山市广海湾临港产业区	城镇建设+工业项目集中区	15.13
广东汕头东部经济带	城镇建设	25.27
龙口湾临港高端制造业聚集区一期(龙口部分)	城镇建设+工业项目集中区	22.08

表 6-36　我国城市道路占地比例统计(未含港、澳、台)

地　区	建成区面积(平方千米)	道路占地比例(%)
北　京	1 254.23	7.86
天　津	539.98	14.69
河　北	1 416.97	12.65
山　西	733.86	11.24
内蒙古	830.09	8.83
辽　宁	1 859.59	9.48
吉　林	1 013.19	8.72
黑龙江	1 467.17	7.96
上　海	860.21	24.98
江　苏	2 583	16.11
浙　江	1 744.16	13.78
安　徽	1 135.85	11.90
福　建	780.06	10.84
江　西	757.95	9.59
山　东	2 895.05	15.97
河　南	1 678.57	10.56
湖　北	1 298.07	14.59
湖　南	1 037	10.67
广　东	3 705.71	12.84
广　西	738.32	11.65
海　南	196.52	12.98
重　庆	631.35	10.74
四　川	1 272.88	11.11
贵　州	404.65	7.13
云　南	542.26	8.36
西　藏	78	6.94
陕　西	628.56	11.87
甘　肃	523.82	11.42
青　海	109.45	9.23
宁　夏	269.37	11.53
新　疆	673.87	9.65

6. 投资强度的测算

(1)区域建设用海样本的采集分析。考虑到时间因素，共选择了 8 个同一年份的区域建设用海的样本，包含了二等至六等海域。通过表 6-37 可计算得到，目前区域建设用海项目平均的投资强度为 3 196.43 万元/公顷，中位数为 2 841 万元/公顷。

表 6-37　区域建设用海样本资料

样本名称	等别	投资强度（万元/公顷）
盘锦辽滨沿海经济区区域建设用海总体规划	六等	7 178.06
兴城临海产业区起步区	四等	1 795.453
锦州新能源和可再生能源产业基地	六等	3 214.838
天津临港工业区二期区	二等	2 840.633
龙口湾临港高端制造业聚集区一期（龙口部分）	三等	2 574.436
江苏南通市通州滨海新区	五等	2 464
浙江省台州市三山涂区	三等	1 600
福建宁德市三屿工业区	六等	3 905

(2)部分省市对于开发区工业园区投资强度的规定。鉴于区域建设用海和开发区、工业园区在一定程度上的类似性，拟参考开发区、工业园区的投资强度的规定。本研究找到了辽宁、河北、天津、山东、江苏、安徽对于工业园区的规定，如表 6-38 所示。由表可以看出，明确分类规定的省市区的投资强度平均值为：国家级开发区为 3 112.5 万元/公顷，省级开发区为 2 236 万元/公顷。若不分类，上述所有省市开发区投资强度的规定平均值为 2 415 万元/公顷。考虑到表中的样本数据只有 6 个省市，其中有 2004 年、2006 年的数据，同时还有非沿海地区、不发达地区的数据，但没有上海、浙江、广东等南方发达地区的数据，因此实际的平均值应当比得出的数据大。

表 6-38　部分省市对工业园区投资强度的规定

地区	文件	国家级（万元/公顷）	省级（万元/公顷）	其他（万元/公顷）
辽宁	辽政发〔2008〕21 号	2 400	2 000	1 500
河北	冀政〔2008〕59 号	3 750	3 000	—
天津	津政发〔2009〕30 号	—	—	3 000/2 000
山东	鲁政办发〔2007〕48 号	3 600	3 000/2 400/1 500	—
江苏	苏政发〔2004〕54 号	—	—	3 750/2 400/1 800
安徽	皖政〔2006〕111 号	2 700	2 250/1 500	—

　　(3)控制值的确定。控制指标采用的投资强度应当考虑区域差异。区域差异可结合海域等别来体现。不同等别海域的社会经济条件、经济发展水平不同，相应的投资水平也会有不同程度的差别。通过参考上述区域建设用海的样本统计资料，结合国家、地方对开发区、经济园区的投资强度要求，确定投资强度指标控制值，具体见表6-39。需要指出的是，本指标值是对于工业项目集中区和城镇建设用海两类区域建设用海总体投资强度的控制，不适用于港口建设用海，也不适用于单个项目投资强度的控制。

表 6-39　区域建设用海投资强度控制指标

海域等别	一等、二等海域	三等、四等海域	五等、六等海域
控制值(万元/公顷)	4 000	3 000	2 000

6.4.3　控制指标的应用

　　区域建设用海控制指标的研究主要是为了解决当前在海域和岸线使用上普遍存在的粗放利用、闲置浪费问题，进一步推进海域和岸线的集约利用。指标可作为核定区域建设用海规模的重要依据，可应用到海域使用论证报告及其他项目用海有关法律文书等编制工作中。指标的应用将有利于提高海域的集约利用水平，大大提升海域管理能力，对项目用海面积的管理可实现制度化、定量化、主动式。

　　该控制指标是编审海域使用论证报告和审批项目填海规模的重要依据。申请用海单位在编制海域使用论证报告和项目用海申请文书时，必须在报告中明确各项控制指标值，并给出计算过程和取值依据。各级海洋行政主管部门在审查项目用海时，对于不符合指标要求的，不予批准或核减其项目用海面积和占用岸线长度。对因生产安全等有特殊要求确需突破控制指标的，必须提供相关说明材料，并在论证报告中进行充分论述，确属合理的，方可批准。

6.5　小结

　　本章利用提出的评价指标体系和方法对我国15个典型围填海工程平面设计进行了回顾性分析，分析认为本章提出的30个指标的综合评价指标体系和方法基本合理，应用该方法进行的回顾性评价结果符合实际情况。本章利用建立的平面形态评价指标对东营海上新城平面形态设计方案进行了定量化比对分析，采用FVCOM模型对典型工况水交换率进行了模拟，提出了耦合水循环系统的围填海平面设计优化建议，提出了"一主+三核+两片区"的"海上龙城"平面设计推荐方案，并进行了方案水交换条件的数值模拟和验证。此外，本章还利用提出的宏观评价指标，对我国49个沿海城市进行了围填海适宜性评价，并耦合海洋功能区划约束对49个沿海城市围填海适宜性进行了分等定级。本章利用提出的集约评价指标，为管理部门制定集约用海控制性指标提供了指标借鉴。

第7章 结 论

7.1 主要结论

围填海平面设计是针对围填海工程平面空间上具体呈现方式，而对其选址、规模、形态和组合方式等进行的综合规划和设计。本书以大型围填海工程即区域建设用海为研究对象，针对当前我国围填海选址不合理、规模不得当、形态不科学等问题，综述了国内外围填海平面设计研究现状，分析了国内外围填海平面设计的基本情况，从围填海平面设计包含的主要工作内容出发，设计了一套多指标的评价方法，并在实例中对评价方法进行了验证和应用。形成主要结论如下。

1. 围填海平面设计现状分析结论

①本研究发现，世界围填海主要分布在四个区域——东南亚、波斯湾、欧洲西部及墨西哥湾，东南亚围填海主要为几何形态，波斯湾多为仿自然形态，欧洲围填海注意和海岸走势结合，墨西哥湾围填海多为"丰"字形；②世界围填海有其内在的发展规律，围填海规模与经济发展速度正相关，围填海用途和所处的发展阶段密切相关；③中国仍处在快速发展时期，围填海总体规模和单体工程平均粒度都位居世界首位，中国围填海主要用途是临港工业和城镇建设；④中国已经批准了80多个区域建设用海，这些填海工程的平面设计方案仍主要以顺岸平推为主。

2. 形成了围填海平面设计综合评价指标体系

本研究从围填海选址、规模和形态三个方面建立了综合评价指标体系。①在选址方面，设计了宏观选址和微观选址两个方面的评价指标，宏观选址评价指标包括海陆面积比、人口密度、海上交通区位条件、人均国内生产总值、海岸线稀缺度、单位岸线国内生产总值、亲海期望、相应产业增长率、区域海洋灾害等9个指标；微观选址评价指标包括海洋水文条件、海洋环境容量、海岸地质类型、生态敏感程度、海洋功能区划符合性、周边开发利用现状等6个指标。②规模评价设计了填海强度、海域利用效率、岸线利用效率、单位用海系数、绿地率、开发退让比例、道路广场用地比率、水系面积比例等8个指标。③形态评价设计了岛岸关系、填海形态、结构形式、岸线形式、生态岸线率、间距系数、水体交换力等 7 个指标。

3. 典型区域用海的回顾性分析

本研究利用提出的评价指标体系和方法对我国 15 个典型围填海工程平面设计进行了回顾性分析。分析认为：①15 个大型评价工程中，分值最高的是天津滨海休闲旅游区，其次为山东潍坊生态滨海旅游区、天津南港工业区和海南儋州白马井海花岛旅游综合体等；15 个工程中有 6 个总评价结果为良，8 个为一般，1 个为差；15 个工程的平均分值为 68.68，总体平面设计水平为一般。②总体得分较高的围填海工程实际实施中进展顺利，本研究提出的 30 个指标的综合评价指标体系和方法基本合理，应用该方法进行的回顾性评价结果符合实际情况。③大型围填海工程必须注重围填海平面设计的各个环节和各个方面，只有在选址、规模设计和平面形态设计等方面均进行了科学规划和设计后，才能取得预期的效果。

4. 提出了东营海上新城平面设计方案

本研究利用建立的平面形态评价指标，对东营海上新城平面形态设计方案进行了定量化比对分析。分析认为：①东营海上新城推荐使用的围填海形状是圆形、有机形，人工岛最佳的布置方式是与海岸线相离，岸线形式的选择最优的是自然型，其次是弧线型，次之是直线型，多岛位置评价中，散布式的布置为最优方案，围堤内水陆比最佳的选择是 40%，评价分值随着岛面积的扩大而减小；②采用 FVCOM 模型对典型工况水交换率进行模拟，提出了耦合水循环系统的围填海平面设计优化建议；③结合东营海上新城开发利用现状及资源环境基础，提出了"一主+三核+两片区"的"海上龙城"平面设计推荐方案，并进行了方案水交换条件的数值模拟和验证。

5. 我国沿海地级市大型围填海工程选址适宜性评价

利用提出的宏观评价指标，对我国 49 个沿海城市进行了围填海适宜性评价，并耦合海洋功能区划约束对 49 个沿海城市填海适宜性进行了分等定级。分析认为：①适宜开展围填海的沿海城市依次是天津、上海、广州、深圳、东莞、唐山、潍坊、南通、阳江、沧州、惠州、北海、防城港等地；②适宜开展围填海的区域从北到南呈波浪式分布，波峰出现在京津冀、长三角和珠三角 3 个沿海经济最为发达、海洋经济增速快的区域，波谷出现在葫芦岛、秦皇岛、威海、台州、湛江等地；③耦合海洋功能区划约束后，南通、盐城、天津、大连、唐山、湛江、宁波等地适宜开展围填海。

6. 提出围填海集约用海控制指标建议

本研究建议将海域利用效率、岸线利用效率、绿地率、开发退让比例、道路广场用地比率、投资强度等 6 个指标设为大型围填海工程的集约用海控制指标，并采用统计分析法、技术经济分析方法和专家咨询法为 6 个指标设置了控制值。该控制指标可以为海洋管理部门、用海企业及有关学者提供集约用海管理和研究的借鉴。

7.2 不足与展望

围填海平面设计是新生事物，目前国内外的研究和可借鉴的研究成果相对较少，本书对于围填海平面设计的及其评价方法的研究均有待后续研究者继续深入研究。总结不足，主要有以下几点。

(1)提出的评价指标虽然"全面"，但仍存在一些不足。随着对围填海平面设计研究的深入，对其评价的指标也会越来越丰富，可能会有更多研究者提出相关性更高、更为全面和更加科学的指标。

(2)指标的量化存在一定主观性。目前本研究共设计了 30 个评价指标，为了对指标进行量化，采取了专家打分法等多种方法，这些方法存在一定的主观性，特别是对指标的分等采取的是经验性做法，其科学合理性仍有待完善。

(3)提出的方法对数据获取的全面性要求较高。由于设计了较多的指标，因此在对大型围填海进行评价时需要获取的相关资料和数据较多，在资料不全时难以开展，会制约本方法的应用。

(4)提出的评价方法是基于现阶段我国围填海的发展。现阶段我国围填海的发展仍是大规模时期，未来随着海洋生态文明建设的深入以及海洋经济步入新常态，对围填海的需求势必呈现下降的趋势。在我国围填海规模逐渐下降后，基于海洋经济和围填海需求之间的关系将发生变化，届时对于围填海的选址将更多考虑公众亲海，本研究提出的指标设计和权重分配也将发生变化。

针对以上不足，希望后续研究者可以提出更为科学的解决途径。同时，在今后的学习和工作之中，作者也将继续深入研究本研究提出的方法，通过更多的围填海平面设计案例实践，来丰富和完善该评价方法，并将该方法运用和推广于围填海平面设计的更多领域。

参考文献

［1］张赫. 多模型建构引导下的填海造地规模管控研究［D］. 天津：天津大学，2013.

［2］朱永贵. 集约用海对海洋生态影响的评价研究——以莱州湾为例［D］. 青岛：中国海洋大学，2012.

［3］徐伟，刘淑芬，张静怡. 区域建设用海规划编制问题的思考［J］. 海洋开发与管理，2011，28(5)：14-17.

［4］索安宁，张明慧，于永海. 围填海工程平面设计评价方法探讨［J］. 海岸工程，2012，12(1)：28-35.

［5］刘癹，张亦飞，祁琪等. 基于相互作用矩阵的象山港围填海适宜性评价［J］. 海洋开发与管理，2015，32(3)：58-62.

［6］姚鑫悦，黄发明，陈秋明等. "五个用海"在区域建设用海规划中的应用实践——以《晋江市区域建设用海规划》为例［J］. 海洋开发与管理，2013，30(9)：22-27.

［7］高志强，刘向阳，宁吉才，芦清水. 基于遥感的近 30 a 中国海岸线和围填海面积变化及成因分析［J］. 农业工程学报，2014(12)：140-147.

［8］张武根. 海域价格及其影响因素研究［D］. 南京：南京师范大学，2012.

［9］朱瑞. 围填海管理对策研究——以江苏为例［D］. 南京：东南大学，2012.

［10］金彭年，陈小龙. 海岸带可持续发展立法刍议——以填海造地为视角［J］. 法治研究，2012(2)：50-52.

［11］杨春，陈天，张赫. 填海区域平面形态规划特征要素及其类型分析［C］//多元与包容——2012 中国城市规划年论文集(04. 城市设计). 北京：中国城市规划学会，2012.

［12］曲国庆，汤天军. 城市平面形态的分维描述［J］. 淄博学院学报(自然科学与工程版)，2002(1)：7-9.

［13］Lee H J, Chu Y S, Park Y A. Sedimentary processes of fine grained material and the effect of seawall construction in the Daeho macrotidal flat-nearshore area, northern west coast of Korea ［J］. Marine Geology, 1999, 157(3/4): 171-184.

［14］Kang J W. Changes in tidal characteristics as a result of the construction of sea-dike/sea-walls in the Mokpo Coastal Zone in Korea ［J］. Estuarine Coastal and Shelf Science, 1999, 48: 429-438.

［15］Guo H P, Jiao J J. Impact of coastal land reclamation on ground water level and the sea water interface［J］. Ground Water, 2007, 45(3): 362-367.

［16］Healy M G, Hickey K R. Historic land reclamation in the intertidal wetlands of the Shannon estuary, western Ireland［J］. Journal of Costal Research, 2002, 36: 365-373.

[17] Sato S, Azuma M. Ecological and paleoecological implications of the rapid increase and decrease of an introduced bivalve *Potamocorbula* sp. after the construction of a reclamation dike in Isahaya Bay, western Kyushu, Japan [J]. Palaeogeography, Palaeoclimatology, Palaeoecology, 2002, 185(3/4): 369-378.

[18] Wu J H, Fu C Z, Fan L, et al. Changes in free-living nematode community structure in relation to progressive land reclamation at an intertidal marsh[J]. Applied Soil Ecology, 2005, 29(1): 47-58.

[19] Heuvel T, Hillen R H. Coastline management with GIS in the Netherlands [J]. Advance in Remote Sensing, 1995, 4(1): 27-34.

[20] Peng B R, Hong H S, Hong J M, et al. Ecological damage appraisal of sea reclamation and its application to the establishment of usage charge standard for tilled seas: Case study of Xiamen, China[J]. Environmental Informatics Archives, 2005(3): 153-165.

[21] Kondo T. Technological advances in Japan coastal development-land reclamation and artificial islands[J]. Marine Technology Society Journal, 1995, 29(3): 42-49.

[22] 联合国经济及社会理事会海洋经济技术处. 海岸带管理与开发[M]. 国家海洋局政策研究室, 译. 北京: 海洋出版社, 1988.

[23] Ryu J. The Saemangeum tidal flat: Long-term environmental and ecological changes in marine benthic flora and fauna in relation to the embankment[J]. Ocean & Coastal Management, 2014, 102: 559-571.

[24] Koh C H, de Jonge V N. Stopping the disastrous embankments of coastal wetlands by implementing effective management principles: Yellow Sea and Korea compared to the European Wadden Sea[J]. Ocean & Coastal Management, 2014, 102: 604-621.

[25] Lai S, Loke L H L, Hilton M J. The effects of urbanisation on coastal habitats and the potential for ecological engineering: A Singapore case study[J]. Ocean & Coastal Management, 2015, 103: 78-85.

[26] Freckleton R P, Watkinson A R, Green R, et al. Census error and the detection of density dependence[J]. Journal of Animal Ecology, 2006, 75(4): 837-851.

[27] Qin H, Sun A, Zheng C. System dynamics analysis of water supply and demand in the North China Plain[J]. Water Policy, 2012, 14(2): 214-231.

[28] Gong L, Jin C. Fuzzy comprehensive evaluation for carrying capacity of regional water resources[J]. Water Resources Management, 2009, 23(12): 2505-2513.

[29] Zeng C, Liu Y, Liu Y, et al. An integrated approach for assessing aquatic ecological carrying capacity: A case study of Wujin district in the Tai Lake Basin, China[J]. International Journal of Environmental Research and Public Health, 2011, 8(1): 264-280.

[30] 于定勇, 王昌海, 刘洪超. 基于PSR模型的围填海对海洋资源影响评价方法研究[J]. 中国海洋学报(自然科学版), 2011, 41(7): 170-175.

[31] 于永海, 王延章, 张永华, 等. 围填海适宜性评估方法研究[J]. 海洋通报, 2011, 30

(1)81-87.

[32] 胡聪. 围填海开发活动对海洋资源影响评价方法研究[D]. 青岛：中国海洋大学，2014.

[33] 王伟伟，王鹏，吴英超，等. 海岸带开发活动对大连湾环境影响分析[J]. 海洋环境科学，2011，30(4)：512-515.

[34] 朱高儒，许学工. 填海造陆的环境影响效应研究进展[J]. 生态环境学报，2011，20(4)：761-766.

[35] 刘述锡，马玉艳，卞正和. 填海生态环境效应评价方法研究[J]. 海洋通报，2010，29(6)：707-711.

[36] 李杨帆，朱晓东，王向华. 填海造地对港湾湿地环境影响研究的新视角[J]. 海洋自然环境科学，2009，28(5)：573-577.

[37] 李京梅，刘铁鹰. 填海造地外部生态成本补偿的关键点及实证分析[J]. 生态环境，2010(3)：143-146.

[38] 彭本荣. 海岸带生态系统服务价值评估理论与应用[M]. 北京：海洋出版社，2006.

[39] 谢挺，胡益峰，郭鹏军. 舟山海域填海工程对海洋自然环境的影响及防治措施与对策[J]. 海洋自然环境科学，2009，28(增刊1)：106-108.

[40] 王静，徐敏，陈可锋. 基于多目标决策模型的如东近岸浅滩适宜围填规模研究[J]. 海洋工程，2010，28(1)：76-82.

[41] 孟海涛，陈伟琪，赵晟，等. 生态足迹方法在填海评价中的应用初探——以厦门西海域为例[J]. 厦门大学学报(自然科学版)，2007，46(1)：203-208.

[42] 王学昌，孙长青，孙英兰，等. 填海造地对胶州湾水动力环境影响的数值研究[J]. 海洋环境科学，2000，19(3)：55-59.

[43] 刘仲军，刘爱珍，于可忧. 围填海工程对天津海域水动力环境影响的数值分析[J]. 水道港，2012，33(4)：310-314.

[44] 陈彬，王金坑，张玉生，等. 泉州湾围海工程对海洋环境的影响[J]. 台湾海峡，2004，23(2)：192-198.

[45] 邓小文，李小宁，孙贻超，等. 天津市滨海地区围海新造地生态系统重建[J]. 城市环境与城市生态，2003，16(6)：34-35.

[46] 刘淑芬，徐伟，岳奇. 浅谈区域用海的平面设计[J]. 海洋开发与管理，2012，29(7)：22-24.

[47] 徐伟，郝春玲. 宁波镇海泥螺山北侧区域建设用海平面设计[J]. 海洋学研究，2011，29(4)：83-88.

[48] 于青松，齐连明. 海域评估理论研究[M]. 北京：海洋出版社，2006.

[49] 夏东兴，等. 海岸带地貌环境及其演化[M]. 北京：海洋出版社，2009.

[50] 王新风. 耦合水体流动循环系统的围海造陆区域规划理论与应用研究[D]. 天津：天津大学，2009.

[51] 霍军. 海域承载力影响因素与评估指标体系研究[D]. 青岛：中国海洋大学，2010.

[52] 于永海. 基于规模控制的围填海管理方法研究[D]. 大连：大连理工大学，2010.

［53］郭子坚. 港口规划与布置［M］. 北京：人民交通出版社，2011.

［54］陈影. 人工岛工程通航安全影响及对策研究［D］. 武汉：武汉理工大学，2011.

［55］郑志慧. 滨海城市填海新区空间形态研究［D］. 大连：大连理工大学，2011.

［56］杨焱. 苏北典型区潮滩围垦适宜规模评价体系构建［D］. 南京：南京师范大学，2011.

［57］肖劲奔. 海岸带开发利用强度系统及评价体系研究［D］. 北京：中国地质大学，2012.

［58］贾凯. 关于填海造地的岸线控制指标体系［D］. 大连：大连海事大学，2012.

［59］张路诗. 围填海空间规划体系的整合研究［D］. 大连：大连理工大学，2013.

［60］杨春. 基于可持续理念的城市填海区域平面形态规划设计研究［D］. 天津：天津大学，2011.

［61］岳奇. 基于 GE 的世界围填海分布及平面设计分析［J］. 海洋技术学报，2015，34(4)：99-104.

［62］韩雪双. 海湾围填海规划评价体系研究——以罗源湾为例［D］青岛：中国海洋大学，2009.

［63］张国华，郭艳霞，黄韦良，等. 1986 年以来杭州湾围垦淤涨状况卫星遥感调查［J］. 国土资源遥感，2006，17(2)：50-54.

［64］丁丽霞，周斌，张新刚，等. 浙江大陆淤涨型海岸线的变迁遥感调查［J］. 科技通报，2006，22(3)：292-298.

［65］马小峰，赵冬至，邢小罡，等. 海岸线卫星遥感提取方法研究［J］. 海洋环境科学，2007，26(2)：185-189.

［66］丁志江，王猛，梁栋彬. 基于 Google Earth 影像图遥感解译在我国西北矿产地质调查中的应用［J］吉林地质，2008，27(4)：124-129.

［67］Fernagu E, Zhang H, Tomlinson R. Sustainability of reclaimed foreshore-case study：Southport broadwater parklands［C］. ［S. L.］：International Society of Offshore and Polar Engineers, 2008.

［68］Pastemack R. Aquatecture：Water-based architecture in the Netherlands［R］. California：University of Southern Caledonia, 2009.

［69］Suzuki T. Economic and geographic backgrounds of land reclamation in Japanese ports［J］. Marine Pollution Bulletin, 2003, 47(1/2/3/4/5/6)：226-229.

［70］Waterman R E. Integrated coastal policy via building with nature［R］. Hague：Ministry of Transport, Public Works and Water Management, 2010.

［71］陈小睿，宫海东，单宝田，等. 胶州湾海洋微表层铜络合的容量［J］. 环境科学，2006，27(5)：885-891.

［72］汤立君. 辽滨临海工业区区域用海规划编制设计及应用［D］. 大连：大连海事大学，2014.

［73］刘洪滨，孙丽，何新颖. 山东省围填海造地管理浅探——以胶州湾为例［J］. 海岸工程，2010(1)：22-29.

［74］国家海洋局考察团. 日本围填海管理的启示与思考［J］. 海洋开发与管理，2007，24(6)：

　　　　3-8.

[75] 孟亮. 填海造陆的海洋生态环境影响研究——以天津临港经济区为例[D]. 天津：南开大学，2013.

[76] 孙俪，刘洪滨等. 中外围填海管理的比较研究[J]. 中国海洋大学学报(社会科学版)，2010(5)：40-46.

[77] 孙敬屿. 围海造地生态灾害的法律防范[D]. 杭州：浙江农林大学，2012.

[78] 刘朱. 中日韩三国沿海城市填海造地战略研究与分析[D]. 大连：大连理工大学，2013.

[79] 李荣军. 荷兰围海造地的启示[J]. 海洋开发与管理，2006，23(3)：31-36.

[80] 吴永森，辛海英，吴隆业等. 2006年胶州湾现有水域面积与岸线的卫星调查与历史演变分析[J]. 海岸工程，2008，27(3)：15-22.

[81] 贾怡然. 填海造地对胶州湾环境容量的影响研究[D]. 青岛：中国海洋大学，2006.

[82] 李玉，俞志明，曹西华，等. 重金属在胶州湾表层沉积物中的分布与富集[J]. 海洋与湖沼，2005，36(6)：580-589.

[83] 刘洪滨，孙丽. 胶州湾围垦行为的博弈分析及保护对策研究[J]. 海洋开发与管理，2008，25(6)：80-87.

[84] 胡斯亮. 围填海造地及其管理制度研究[D]. 青岛：中国海洋大学，2011.

[85] 王滨. 边际报酬递减规律对GDP"三驾马车"增长方式的分析[J]. 现代经济信息，2014(23)：5.

[86] 王公伯，李广雪，徐继尚，近海人工岛稳定评价方法体系的研究[J]. 海洋地质与第四纪地质，2011，31(4)：83-88.

[87] 张子鹏，辽宁海岸带地貌特征及影响因素研究[D]. 青岛：中国海洋大学，2008.

[88] 于德海，彭建斌，李滨，海岸带侵蚀灾害研究进展及思考[J]. 工程地质学报，2010(6)：34-43.